KB271644

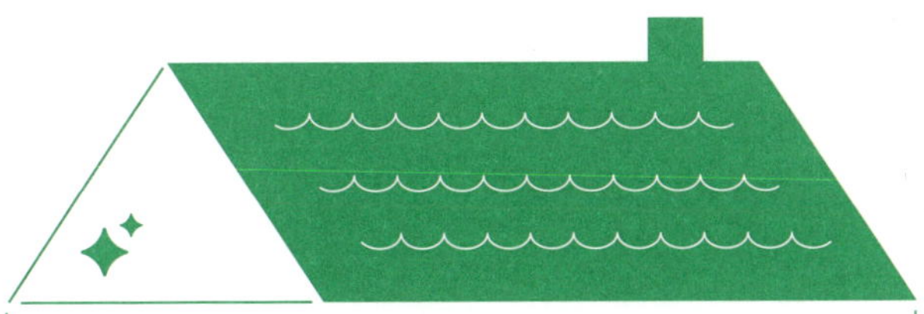

우리 아이에게 안전한 집

친환경제품 전문가가 보증하는 생활 속 유해물질 사용설명서

조성문 지음

북센스

가족의 건강을 지키고 싶은 당신에게

    저는 생활 속 제품에 포함된 유해물질이 인체와 환경에 어떠한 영향을 미치고, 이들의 영향을 최소화하기 위해 어떻게 관리해야 할지 연구하는 일을 합니다. 그리고 국민이 건강하고 친환경적인 제품을 사용할 수 있도록, 연구 결과를 바탕으로 국가의 친환경 제품에 대한 기준 개발을 총괄합니다. 그렇다 보니 최근처럼 라돈 침대, 유해 기저귀, 중금속 페인트 등 생활 속에서 사용하는 제품의 유해물질 문제가 발생하면 가장 바쁜 시간을 보내곤 합니다. 이렇듯 제품의 유해성과 노출 경로에 대해 연구하면서 깨닫게 되는 것은, 생활화학제품을 많이 사용하는 요즘 세상에서 우리가 제품의 유해물질로부터 완전히 자유로워질 수는 없다는 점입니다. 하지만 제품의 유해물질 노출 경로와 사용상 주의 사항을 숙지하고 제품을 사용한다면 가능한 줄일 수 있는 방안은 있습니다. 제품의 유해물질을 미리 조심하여 노출을 줄이려는 노력이 번거로울 수 있지만, 어떠한 제품에서 유해물질이 배출될지 누구도 장담할 수 없는 현실에서 이는 가족의 건강을 지키는 가장 현명한 자세일 것입니다.

    제품의 유해물질에 대한 사람들의 관심과 우려는 높아졌지만,

제품의 유해성이나 올바른 사용법에 대한 정보는 현저히 부족한 실정입니다. 최근에 생산되는 다양한 화학물질로 구성된 제품은 올바른 사용 방법을 제대로 알지 못하고 사용할 때에는 건강을 해칠 가능성이 높습니다. 그렇기 때문에 우리가 생활 속에서 어떤 유해물질에 노출될 수 있고, 그것이 건강에 어떠한 영향을 미칠 수 있는지 올바른 정보를 사전에 인지하는 일이 무엇보다 중요합니다.

이 책은 아이를 비롯한 우리 가족이 생활에서 자주 사용하는 제품에 어떠한 유해물질이 포함되어 있는지 밝히고, 이들 제품을 안전하게 사용하기 위한 방법을 제시합니다. 요즘 아이들은 바깥보다 집에서 보내는 시간이 많기 때문에 가정에서 사용하는 제품을 중심으로 다루었습니다. 세부적으로는 제품별로 노출될 수 있는 유해물질의 유해성 및 노출 경로 등을 자세히 살펴보고, 이들 제품의 유해물질 노출을 줄일 수 있는 쉽고 간단한 생활 습관을 안내합니다.

제품의 유해물질은 신체 조건, 연령, 노출 정도에 따라 사람마다 다른 영향을 줄 수 있으므로 얼마나 노출되어야 '나쁜'지 단정 지을 수는 없습니다. 하지만 사전 예방 측면에서 가능한 적게 유해물질에 노출되는 편이 바람직할 것입니다. 여러분이 이 책에서 제시하는 생활 습관을 한 번에 숙지하기는 어려울 수도 있습니다. 하지만 가장 관심이 있거나 걱정되는 제품부터 시작하여 하나씩 실천에 옮긴다면 본인과 가족의 건강을 지키는 데 큰 도움이 될 것으로 기대합니다.

차례

1장

생활 속 제품, 이렇게 사용하세요

1. 유아(~ 만 3세)

2. 아동(만 4세 ~ 만 6세)

우리 아이에게
안전한 집

2장

생활 속 유해물질, 확인하세요

3장

안전한 집 만들기 위한 필수 상식

부록

우리 아이에게 안전한 집

1장

생활 속 제품,
✓ 이렇게 사용하세요

1. 기저귀

A씨는 아기가 기저귀 발진 증세를 보여 병원을 찾았습니다. 처방 받은 약을 지속적으로 바르지만, 항문 주위가 자주 빨갛게 달아오르고 하얀 두드러기가 올라오기도 해서 걱정입니다.

B씨는 국내 유명 업체의 기저귀 제품을 인터넷 공식 판매 사이트에서 구입하여 포장을 뜯다가 눈을 의심했습니다. 기저귀 사이에서 1cm 크기의 애벌레가 꿈틀거리고 있었기 때문입니다.

기저귀는 몸에 장시간 직접 접촉하는 데다 사용자가 아기이기 때문에 유해물질에 더욱 민감한 제품입니다. 특히 비뇨기 계통에 직접 접촉하기 때문에 생식기 발육 등 아기의 성장에 큰 영향을 미칠 수 있습니다. 기저귀에서 피부에 닿는 부분은 크게 안감, 흡수층(부직포 포함), 방수층, 접착 부분으로 나눌 수 있습니다. 안감은 피부에 접촉하는 면으로 구성상 최상위층에 있는 면, 흡수층은 흡수하는 층으로 중간층에 있는 면, 방수층은 흡수된 액이 노출되지 않도록 방수한 면입니다. 이들 부위에서 발견될 수 있는 대표적 유해물질은 아조염료, 형광증백제, 폼알데하이드(formaldehyde), 염소계 표백제 등입니다. 기저귀의 미관을 위하여 사용하는 아조염료와 재료의 백색도를 높여주는 형광증백제는 발진이나 두드러기 같은 피부 질환을 발생시키는 주요 원인이 됩니다. 또한 폼알데하이드는 몸속에 흡수되더라도 분해가 빠르게 이루어져 인체에 축적은 되지 않으나, 낮은 농도로 장시간 지속해서 노출될 경우 아토피피부염 등 알레르기성 피부 반응을 일으킬 수 있어 주의가 필요합니다.

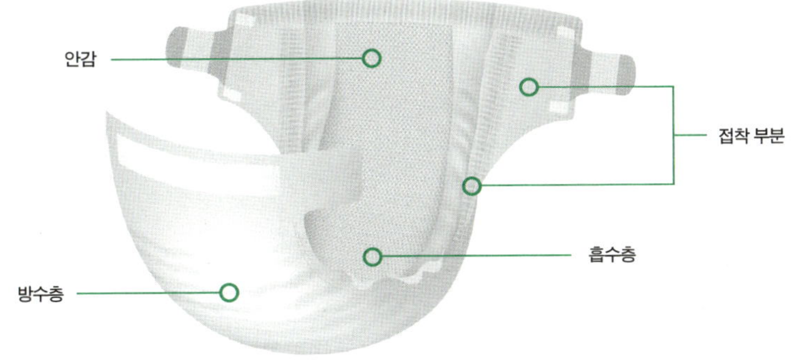

이 같은 기저귀 피부염은 아기를 키우는 가정에서 흔히 발생하는 아기 질환입니다. 특히 만 1세 이전의 아기는 24시간 내내 기저귀를 착용하기 때문에 피부염이 더욱 자주 발생할 수 있습니다. 피부염 자체도 문제지만, 유해물질이 피부를 통해 몸속에 쉽게 흡수되어 위험할 수 있습니다. 피부염 증상이 있을 때에는 조기에 치료해야 하며, 기저귀를 여유 있게 채우는 등 관리에 노력해야 합니다. 무엇보다 기저귀 피부염은 대소변으로 젖은 기저귀를 오래 방치해 진균[*]이 번식할 때 발생하기 때문에, 아이가 대소변을 보면 즉시 기저귀를 교체해주는 것이 좋습니다.

• 기저귀 유해물질 목록 •

구 분	유 해 물 질
안감, 방수층	아조염료, 형광증백제, 폼알데하이드, 염소화페놀류, 중금속(납, 카드뮴)
접착 부분	프탈레이트, 휘발성 유기화합물

---

[*]진균 : 몸의 구조가 간단한 하등 균으로서 곰팡이, 버섯, 효모와 같은 미생물을 말한다.

❶ 젖은 기저귀를 오랫동안 착용하지 않도록 합니다. 기저귀 피부염은 주로 습한 피부와 기저귀가 마찰할 때, 또는 대소변으로 인해 피부 산도가 높아졌을 때 생깁니다. 기저귀를 착용하는 대부분 유아가 겪을 수 있는 증상이지만, 수포가 생기거나 진물과 피가 흐르는 상태까지 악화되면 향후 치료하기가 어렵습니다. 기저귀 피부염을 예방하려면 청결과 건조가 가장 중요합니다. 특히 최근에 판매되는 기저귀는 흡수 알림 표시가 되어 있으므로, 아이의 상태를 자주 확인하여 갈아주는 게 좋습니다. 또한 설사 증상이 있을 때에 피부염이 발생할 가능성이 더욱 크므로, 기저귀를 평소보다 자주 갈아주고 통풍에 각별히 신경을 써야 합니다.

❷ 기저귀가 너무 조여지지 않도록 합니다. 기저귀가 조여지면 통풍이 안 되고 땀이 나서 습해진 결과, 피부염을 유발하게 됩니다. 기저귀 위에는 되도록 몸을 조이지 않는 내의나 옷을 입히고, 자동차에서는 카시트 벨트로 오랜 시간 기저귀를 조이지 않도록 주의해야 합니다. 기저귀를 구매할 때에는 브랜드보다는 성능 비교를 통해 통기성이 좋은 제품을 사는 것이 좋습니

다. 무엇보다 피부염이 발생할 때에는 기저귀를 여유 있게 채워 피부염 부위를 자극하지 않는 것이 중요하며, 이 경우 집에서는 기저귀를 풀어주거나 자극이 덜한 천 기저귀를 사용하는 것이 좋습니다.

❸ **기저귀를 갈아줄 때는 물로 몸을 깨끗하게 씻어줍니다.** 물로 몸을 씻어준 후에는 최소 15분 이상 말리고 기저귀를 입혀주는 것이 바람직합니다. 또한 외출 시 물로 씻을 수 없을 때에는 인체 청결용 물티슈를 이용하여 몸을 닦아주되, 귀가 후에는 되도록 빨리 물로 세척해주는 것이 피부염을 예방하는 데 좋습니다.

❹ **기저귀는 습한 곳을 피해 보관합니다.** 기저귀는 보관 과정에서 세균 등 이물질이나 애벌레가 들어갈 수 있어 문제가 되곤 합니다. 습한 장소를 피하고 이물질이 유입되지 않는 별도의 서랍장 등 공간을 마련하여 보관하는 것이 좋습니다. 그리고 기저귀를 구매할 때에도 제품 포장 상태를 확인하여, 찢어진 부분이 없는지 잘 살펴봐야 합니다.

2. 물티슈

C씨는 최근 물티슈로 아이 눈가를 닦아준 후 아이가 심한 안구 통증을 호소하여 응급실을 방문했습니다.

D씨는 물티슈로 아기의 엉덩이를 닦아준 후 피부 발진이 생겨 제조 기업에 항의를 한 경험이 있습니다.

물티슈는 수분이 함유되어 있어 얼굴, 손 등의 청결 유지를 위해 최근 많이 소비하는 제품입니다. 피부에 직접 닿는 제품인 만큼 유해물질에 민감할 수밖에 없습니다. 특히 물티슈는 이물(검은 덩어리, 부유물, 벌레 등) 발견, 부패·변질(곰팡이 등), 피부 접촉 부작용 발생 등으로 위해성 문제가 자주 거론되고 있는 제품 중 하나입니다.

시중에서 판매하고 있는 물티슈는 크게 인체 청결용 물티슈, 구강 청결용 물티슈, 음식점용 물티슈로 구분할 수 있습니다.

· 물티슈 종류 ·

구 분	분 류 및 용 도
인체 청결용 물티슈	화장품으로 분류되어 국가에서 관리하며, 인체의 위생 및 청결을 위해 사용하는 제품이다. 흔히 가정에서 사용한다.

구강 청결용 물티슈	의약외품으로 분류되어 국가에서 관리하며, 만 2세 이하의 치아 위생 및 청결을 위해 사용하는 제품이다.
음식점용 물티슈	위생용품으로 분류되어 국가에서 관리하고 있으며, 일반 음식점에서 제공하는 낱개의 제품이다.

물티슈는 수분이 함유되어 있기 때문에 제품 자체에 미생물이 생기는 등 오염이 발생할 수 있습니다. 이러한 오염을 방지하기 위해 보통 97%의 수분 외에 3%의 살균·보존제 등을 사용합니다. 그런데 최근 물티슈의 살균·보존제로, 가습기 살균제 건강 피해 물질인 CMIT/MIT 등 유해물질이 사용되어 문제가 됐습니다.

무엇보다 물티슈의 사용 및 보관 과정에서 세균 및 진균이 번식할 위험이 있습니다. 특히 상처가 있는 부위, 습진 및 피부염 등 이상이 있는 부위에는 이러한 세균 및 진균이 몸속으로 들어갈 수 있어 사용하지 않도록 주의해야 합니다.

❶ 용도에 맞는 물티슈를 사용합니다. 일반적으로 물티슈는 인체 청결용, 구강 청결용으로 구분하여 판매하고 있으니, 원하는 용도에 맞는 물티슈를 선택하는 것이 좋습니다. 만 2세 이하의 아이는 치약을 삼킬 가능성이 크기 때문에, 치약 대신에 되도록 의약외품인 구강청결용 물티슈를 사용해서 닦아줍니다. 아이의 얼굴이나 몸을 닦을 때에는 인체 청결용 물티슈를 사용해야 하며, 음식점에서 제공하는 물티슈(손을 닦는 용도)를 사용하지 않도록 주의가 필요합니다.

❷ 유통기한이 짧고 용량이 적은 물티슈를 구매합니다. 유통기한이 길수록 보존제 성분이 많이 들어가 있어 유해물질이 더 많이 포함될 수 있습니다. 또한 용량이 많을수록 사용 빈도가 높아 세균과 진균 번식 위험이 높아질 수 있습니다. 개봉 후 되도록 3개월 이내에 전부 사용하는 것이 바람직합니다.

❸ 사용할 만큼만 뽑고 잘 닫아놓습니다. 한번 뽑아낸 물티슈를 안 썼다고 다시 안으로 넣으면 변질 우려가 높습니다. 물티슈의 뚜껑에 문제가 없는지, 한 장씩 잘 뽑혀 나오는지를 제품 리

뷰 등을 통해 확인한 뒤 구매하는 것이 좋습니다.

❹ **상처 난 부위나 눈 주위에는 자극을 줄 수 있기 때문에 사용하지 않습니다.** 이러한 부위는 피부가 약해 자극을 받을 수 있으므로 사용하지 않는 것이 바람직합니다. 특히 물티슈 피해 사례를 보면 피부염 또는 피부 발진 사례가 많습니다. 안전하게 승인된 제품이라도 개인에 따라 알레르기나 피부염이 발생할 수 있습니다. 아이가 민감한 피부라면 손목에 미리 사용해보고, 이상 여부를 확인한 뒤에 사용하는 것이 좋습니다.

3. 음식 용기

E씨는 아기 이유식을 미리 만들어 플라스틱 이유식 용기에 담아 냉장 보관 후 먹이고 있습니다. 하지만 사용할수록 용기가 착색이 되고 스크래치가 생겨 안전할까 걱정이 됩니다.

F씨는 먹다 남은 배달 음식을 배달 용기 그대로 냉장 보관합니다. 최근 전자레인지에 넣고 돌렸는데 음식 용기가 녹아내려 음식을 먹지 못하고 버려야 했습니다.

일반 가정에서 반찬, 남은 음식 등을 담는 음식 용기 중에는 플라스틱 재질이 많습니다. 그런데 음식 용기와 관련된 유해물질에서 주로 문제가 되는 것이 바로 이러한 플라스틱 재질입니다. 다른 제품과 달리 음식 용기는 제품의 유해물질이 식품을 통해 몸속으로 흡수될 가능성이 높아 더욱 주의가 필요합니다.

플라스틱으로 된 음식 용기는 PVC(poly vinyl chloride), PE(polyethylene), PP(polypropylene), PS(polystyrene), PET(polyethyleneterephthalate), PC(polycarbonate), 에폭시수지 등 다양한 재질로 만들어집니다. 이러한 음식 용기는 사용 후

분리수거를 통해 재활용을 높이기 위해 제품 겉면에 아래와 같이 재질 구분이 표시되어 있어, 쉽게 확인한 후 구매할 수 있습니다.

• 플라스틱류 재질 구분 표시 •

플라스틱 PVC	플라스틱 LDPE	플라스틱 PP	플라스틱 PS	플라스틱 OTHER
P V C	P E	P P	P S	기 타

(출처: 한국환경공단 https://www.keco.or.kr)

음식 용기의 대표적 유해물질로는 플라스틱제 음식 용기에서 배출될 수 있는 프탈레이트와 비스페놀-A를 들 수 있습니다. 이 중에서 프탈레이트는 PVC 재질과의 상용성*이 우수하여 PVC 음식 용기의 가소제**로 사용될 수 있습니다. 특히 PVC 음식 용기에 뜨거운 음식을 담을 때는 유해물질이 용출될 가능성이 높으므로, 뜨겁거나 액체 형태인 음식은 되도록 담지 않아야 합니다.

＊상용성 : 두 종류 이상의 물질이 서로 친화성이 있고 용액이나 균질혼합물을 형성하는 성질. 예를 들어 폴리염화비닐과 가소제, 폴리에틸렌과 폴리이소프틸렌 등은 서로 상용성이 있다고 본다.

＊＊가소제 : 합성수지나 합성 고무 같은 고체에 첨가해서 가공성이나 유연성을 높이기 위해 쓰는 물질이다.

프탈레이트와 더불어 비스페놀-A 또한 음식 용기에서 주의해
야 할 유해물질입니다. 비스페놀-A는 플라스틱을 제조할 때 유
연성을 주기 위해 쓰는 첨가제입니다. 주로 물병이나 생맥주 잔
등으로 사용되는 PC 재질의 음식 용기와, 통조림 안이 녹스는
것을 막기 위한 코팅제인 에폭시수지로 만들어진 음식 용기에서
용출될 수 있습니다. 주로 뜨거울 때에 용출 가능성이 높으므로
되도록 냉장고나 서늘한 곳에 보관하는 것이 바람직합니다.

프탈레이트와 비스페놀-A는 환경호르몬 물질로 아토피, 학습
및 행동 장애, 생식기관 발달 저해 등, 성장 중인 아이 건강에 미
치는 영향이 상당히 클 수 있습니다. 특히 제3기 국민환경보건
기초조사에 따르면, 소변 중 두 유해물질의 농도가 연령대가 낮
을수록 높게 나타나 충격을 주었습니다.

• 음식 용기 유해물질 목록 •

구 분	유 해 물 질
플라스틱제 음식 용기	프탈레이트, 납, 비스페놀-A
유리제 음식 용기	납, 카드뮴
금속제 음식 용기	납, 카드뮴, 니켈, 6가 크롬, 비소
목재류 음식 용기	납, 비소

❶ **어린아이가 사용할 음식 용기는 영·유아용으로 표시된 제품을 구매해 사용합니다.** 2018년부터 영·유아 음식을 담는 용기에 프탈레이트(DBP, BBP)와 비스페놀-A를 사용하지 못하도록 규제하고 있습니다. 이들 유해물질이 아이의 성장에 해로운 영향을 미치는 만큼, 아이가 사용하는 음식 용기는 일반 성인이 사용하는 일반 용기보다는 영·유아용으로 교체하여 사용하는 것이 바람직합니다.

❷ **음식을 장기간 보관하려면 플라스틱제보다는 유리제 음식 용기를 사용합니다.** 아이에게 이유식을 먹이는 가정에서는 대개 이유식을 미리 만들어 음식 용기에 담아 냉동 보관 후 해동해서 먹이는 경우가 많습니다. 그래서 이유식을 보관할 수 있는 별도의 음식 용기를 구매하는 경우가 많은데, 플라스틱 재질보다는 유리 재질의 용기를 구매하는 것이 좋습니다. 일반적으로 플라스틱제 음식 용기는 수분 또는 기름기가 많은 음식을 담거나 고온으로 과열된 경우에 유해물질 용출 가능성이 크기 때문입니다.

❸ **전자레인지로 음식을 가열할 때는 전자레인지용으로 표시된 용기를 사용합니다.** 전자레인지에 사용할 음식 용기는 반드시 표시 사항을 확인하여 구매하도록 합니다. 주로 전자레인지에 사용 가능한 음식 용기 재질은 유리, 종이, PP 등입니다. 이들 재질도 제조 방법에 따라 내열성 및 내구성의 차이가 있을 수 있으므로 전자레인지용 여부에 대한 확인이 꼭 필요합니다. 또한 즉석조리 음식이 담겨 있는 플라스틱제 용기의 경우에도 제품에 표시된 전자레인지의 출력, 가열 시간 등을 준수하여 조리해야 합니다.

❹ **새로 구매한 금속제 음식 용기는 깨끗이 세척한 후 사용해야 합니다.** 보통 아이의 밥이나 국을 담는 음식 용기는 내부가 금속 재질인 경우가 많습니다. 금속 성분은 산성 용액에서 잘 배출되므로, 식초를 첨가한 물을 넣고 10분 정도 끓인 후 세척하면 제품 표면에 오염된 중금속을 효과적으로 제거할 수 있습니다. 또한 염분이 많은 절임·젓갈류 음식은 중금속 배출을 증가시키므로 금속제 음식 용기에 장기간 보관하지 않아야 합니다.

❺ **뚜껑이 볼록한 통조림 음식은 구매를 피합니다.** 통조림 내용

물인 음식이 부패하면 가스가 팽창하여 뚜껑이 볼록해질 수 있습니다. 통조림 음식 구매 후에는 제품의 라벨에 있는 표시 사항에 따라 보관하는 것이 좋으며, 통조림이 찌그러지거나 녹이 슬지 않도록 보관하도록 합니다. 또한 한번 뚜껑을 개봉한 통조림 음식을 그대로 보관하면 통조림 자체가 빨리 녹슬어 음식이 금속에 오염될 수 있습니다. 그러니 되도록 열었을 때 모두 먹는 것이 좋으며, 사용 후 음식이 남았을 때에는 다른 그릇에 옮겨서 냉장 보관하도록 합니다.

❻ 생수 등 페트병은 일회 사용 목적으로 만들어진 제품이므로 되도록 재사용하지 않습니다. 페트병의 경우 입구가 좁기 때문에 깨끗이 세척·건조하기가 어려워 유해물질이 발생할 수 있습니다. 여름철에 생수나 음료가 든 페트병을 자동차 안에 두고 먹는 경우가 많은데, 이 경우에 온도가 높아져 용기에서 유해물질이 용출될 가능성이 높아지기 때문에 되도록 빨리 마시거나 유리제 용기에 든 제품을 구매하는 것이 바람직합니다.

4. 놀이 매트

G씨는 난방을 시작한 후 놀이 매트에서 역한 냄새를 맡게 되었습니다. G씨와 G씨의 아이는 수면장애와 급성 기관지염 등의 증상을 보여 병원 진료를 받았으며, 최근 놀이 매트를 교체한 이후 증상이 많이 호전되었습니다.

아이가 놀다가 다치지 않게 하고 층간 소음을 줄이기 위해 많은 가정과 어린이집에서 유아 놀이 매트를 사용하고 있습니다. 가정에서 많이 사용하는 놀이 매트는 접을 수 있는 구조의 PU(폴리우레탄)계 매트와 얇은 돗자리 모양 또는 퍼즐형의 PVC계 매트로 구분할 수 있습니다. 놀이 매트는 주로 표면 재질이 합성수지이기 때문에 중금속, 폼알데하이드, 프탈레이트 등 유해물질이 포함될 수 있습니다. 아이가 오랫동안 놀거나 누워서 활동하는 등 장시간 접촉하기 때문에, 유해물질이 피부와 입 등 여러 경로로 흡수될 수 있어 주의가 필요합니다.

우선 제품에 남아 있는 휘발성 유기화합물 또는 폼알데하이드가 공기 중으로 방출될 수 있습니다. 이들 유해물질은 생식독성 물질*로 아이들에게 치명적입니다. 특히 제품의 온도가 높아지는 과정에서 유해물질이 더 높은 농도로 방출될 가능성이 크기 때문에 실내 온도를 적정하게 관리해야 합니다.

놀이 매트는 제품 표면이 다양한 화학물질로 만들어진 합성수지 소재이기 때문에 납, 카드뮴 등 중금속과 프탈레이트가 방출될 수 있습니다. 이러한 유해물질은 제품을 오래 사용할 때에 주로 가루 입자 형태로 공기 중에 방출되며, 아이가 구강 섭취나 흡입을 통해 몸속으로 흡수할 수 있어 주의가 필요합니다. 놀이 매트 위에서는 되도록 아이들이 오랜 시간 누워서 놀거나 자지 않도록 지도해야 합니다.

• 놀이 매트 유해물질 목록 •

구 분	유 해 물 질
PU계 놀이 매트	디메틸포름아미드, 중금속(납, 카드뮴), 폼알데하이드, 유기주석화합물
PVC계 놀이 매트	프탈레이트, 중금속(납, 카드뮴), 폼알데하이드, 유기주석화학물

＊생식독성물질 : 생식능력이나 태아가 자라는 데 해로운 영향을 주는 물질.

❶ **놀이 매트를 구매하면 반드시 일광 건조 후 사용합니다.** 놀이 매트는 표면 소재가 합성수지이기 때문에 폼알데하이드, 휘발성 유기화합물 등 유해물질이 초기에 많이 방출될 수 있습니다. 젖은 천으로 제품 표면을 닦아주고, 최소 1일 이상 베란다에서 햇볕에 말린 후 사용하는 것이 바람직합니다.

❷ **제품에 표기된 사용 방법, 사용상 주의 사항 등 권장 사항을 준수합니다.** 여름철 놀이 매트를 사용할 때 냄새가 나서 세척을 하기도 하는데, 이 경우에 권장하는 세척 방법을 준수하는 것이 좋습니다. PU계 놀이 매트는 잘못된 방법으로 세척하면 표면 소재인 PU 입자 가루가 공기 중으로 방출되어, 아이가 호흡할 때 몸속으로 흡수할 수 있어 위험합니다. 무엇보다 PU계 놀이 매트의 표면이 벗겨지면 되도록 버리고 새로운 제품으로 교체하는 것이 좋습니다. 또한 놀이 매트의 유해물질은 고온에서 방출될 가능성이 높기 때문에 놀이 매트 위를 청소할 때 스팀 청소기를 사용하지 않도록 합니다.

❸ **놀이 매트에 누워서 오랫동안 자지 않도록 합니다.** 놀이 매트

의 소재 특성상 표면 입자가 가루 형태로 방출될 수 있어 매트에 아이의 입이 직접적으로 닿지 않도록 해야 합니다. 낮잠을 자거나 장시간 누워 있을 때를 대비하여 면 등 천연 소재의 이불을 매트 위에 깔아주는 것이 좋습니다.

❹ 바닥에 닿는 부분이나 접히는 부분을 주기적으로 관리합니다.
이들 부분에서 주로 냄새가 나거나 곰팡이가 생길 수 있기 때문에 주기적인 세척이나 일광 소독을 통해 세균 등이 증식하지 않도록 관리해야 합니다. 특히 겨울철은 바닥과 공기 중의 온도 차이로 인해 습기가 찰 수 있기 때문에 놀이 매트를 주기적으로 베란다에서 환기시키거나 일광 건조를 해주는 것이 좋습니다. 놀이 매트는 제품 표면 소재 특성상 통풍을 자주 해야 오래 사용할 수 있습니다.

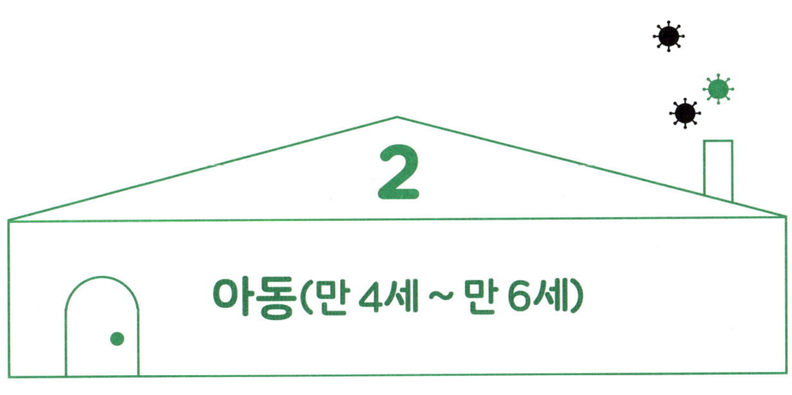

1. 장난감

A씨는 아이가 요즘 인기 장난감인 액체 괴물(슬라임)을 하루 종일 주무르고 문지르는 등 피부 접촉이 많아 아이에게 유해하지 않은지 걱정이 많습니다.

B씨는 최근 헝겊 책을 가지고 논 아이의 입에 염료 색이 묻어 있는 걸 발견하고 깜짝 놀랐습니다. 헝겊 책을 자세히 보니 침이 묻은 부분에 색이 빠져 있었습니다. 염료가 아이 몸속으로 들어갔을까봐 걱정이 큽니다.

가정은 아이가 가장 많은 시간을 보내는 공간이기 때문에 가정 내 놀이 환경의 안정성, 그리고 연령에 적합한 장난감 선택이 중요합니다. 장난감은 다수의 재질(플라스틱, 금속, 나무, 섬유 등)과 부품을 포함하고 있기 때문에 다양한 유해물질을 포함할 가능성이 큽니다. 또한 장난감이 권장 사용 연령보다 낮은 유아에게 주어지거나, 의도하지 않은 목적으로 사용될 여지가 많기 때문에 부모가 장난감을 선택할 때 많은 주의가 요구됩니다.

일반적으로 기업은 장난감 등 어린이 제품을 생산할 때, 손으로만 가지고 노는 정도의 사용자를 고려합니다. 하지만 실제 사용하는 아이들은 의도된 사용 방법 외에 입으로 빨고 땀이 나도록 손에 쥐고 있는 경우가 많기 때문에 그만큼 제품의 유해물질에 노출될 위험이 있습니다. 그러므로 어린이 제품 이용 과정에서 부모의 올바른 지도 또한 중요합니다.

아이와 가까운 물건인 만큼 안전성이 보장되어야 할 장난감에서 유해물질이 기준치 이상으로 검출되는 일이 최근 종종 발생하고 있습니다. 특히 국가에서는 장난감, 학용품 등 어린이 제품에 대해 유해물질 배출 여부를 조사하고 있으며, 매년 일부 제품에 납, 카드뮴 등 중금속, 프탈레이트계 가소제가 다량 함유되어 리콜 명령 조치를 한다는 보도 내용을 발표하고 있습니다.

장난감의 유해물질을 대표하는 것은 프탈레이트 가소제입니다. 프탈레이트는 쉽게 휘고 탄력을 갖는 성질 때문에 플라스틱 첨가제로 널리 쓰입니다. 프탈레이트는 환경호르몬 물질로 생식 독성을 일으키고 아토피, 학습 및 행동 장애를 일으킬 수 있기 때문에 아이들에게 더욱 위험한 물질입니다.

또한 피부염, 각막염, 중추신경장애를 유발할 가능성이 있는 납과, 신장이나 호흡기 부작용 및 학습 능력 저하 우려가 있는 카드뮴이 어린이 장난감에서 배출된 바 있습니다. 이 중 납은 많은 연구에서, 아이들에게 주의력결핍과잉행동증후군(ADHD), 인지 기능 발달의 지연, 학습 능력 저하 등 행동 또는 건강상의 문제를 야기할 수 있는 것으로 밝혀졌습니다. 특히 납은 칼슘과 단단히 결합하는 성질이 있어, 몸속으로 들어오면 뼈에 칼슘 대신 흡수되며 나중에 혈류로 들어갈 수 있기 때문에 위험합니다. 납은 가공이 쉽고 색 조성이 잘되는 장점이 있어 주로 장난감에 칠하는 페인트(도료)에 사용됩니다. 페인트가 칠해진 자동차 장난감이나 염료 색이 강한 플라스틱 장난감을 가지고 놀 경우 입에 절대 넣지 않도록 지도해야 합니다.

특히 최근에는 액체 등 새로운 형태와 재질의 장난감이 개발되면서 BIT, 붕소 등 신규 유해물질이 배출되는 것으로 밝혀져, 장난감 구매 및 사용에 부모의 주의가 더 크게 요구됩니다.

• 장난감 유해물질 목록 •

구 분	유 해 물 질
플라스틱 재질 장난감	프탈레이트 가소제, 중금속(납, 카드뮴)
섬유(천) 재질 장난감	중금속(납, 카드뮴), 진드기, 폼알데하이드
금속 재질 장난감	중금속(납), 1,4-다이옥세인
폴리우레탄 재질 장난감	디메틸포름아미드

❶ **플라스틱, 금속, 섬유 등 재질에 상관없이 모든 장난감은 구매 후 반드시 세척하여 사용합니다.** 포장 및 유통 과정에서 유해물질이 불순물 형태로 포함될 수 있습니다. 특히 천 재질의 장난감은 호흡기 및 피부 질환을 유발하는 진드기가 서식할 수 있어 정기적으로 세척해야 합니다. 적어도 한 달에 한 번씩은 세척하는 것이 좋으며, 세척이 안 될 경우 용기에 담아 냉동실에 4시간 이상 넣으면 진드기를 쉽게 제거할 수 있습니다.

❷ **페인트가 벗겨진 장난감은 사용하지 말고 버리도록 합니다.** 페인트에는 주로 납이 함유되어 있으며, 흡입이나 구강 섭취를 통해 벗겨진 페인트 조각이 몸속으로 들어오면 인체에 납 등 중금속이 흡수될 우려가 있습니다. 페인트가 벗겨진 장난감은 즉시 버리도록 하며, 함께 보관했던 장난감도 세척을 통해 페인트 가루가 남아 있지 않도록 해야 합니다. 무엇보다 반짝이거나 광택이 있는 장난감은 벗겨졌을 때 중금속 노출이 쉽기 때문에 되도록 사용하지 않는 것이 바람직합니다.

❸ **장난감 사용 시 아이가 알아야 할 주의 사항이 있다면 분명하**

게 알려주거나 부모가 옆에서 지도합니다. 제품에 표기된 주의 사항 문구를 확인하여 노출될 수 있는 유해물질을 짐작할 수 있습니다. 특히 "프탈레이트계 가소제가 배출될 수 있으니 어린이의 얼굴과 입에 닿지 않도록 할 것" 등의 경고 사항을 표시한 장난감은 절대 입에 넣어서는 안 됩니다. 이러한 장난감은 대부분이 프탈레이트계 가소제 총 함유량이 0.1%를 초과하는데도, 어린이의 입에 넣어 사용할 용도로 제작된 것이 아닌 제품에 한해 완화된 기준을 적용한 제품일 수 있습니다. 프탈레이트 가소제가 함유된 PVC계 플라스틱 장난감은 되도록 사용하지 말고, 제품 구매 시 제품 정보를 반드시 확인하는 것이 바람직합니다. 또한 아이가 호기심에 작은 장난감, 부품 등을 삼키거나 코나 귀에 넣는 사례가 많은 만큼, 장난감 구매 시 부품 크기가 너무 작은 제품을 피하고, 사용 권장 연령대를 확인할 필요가 있습니다.

❹ **장난감을 구매할 때 KC 인증 표시를 확인합니다.** 안전 기준을 지킨 것으로 검증된 제품에만 KC를 표시할 수 있기 때문에, KC라는 글자가 제품 포장이나 겉면에 표시되어 있는지 확인이 필요합니다. 싸거나 새로운 제품에 무조건 현혹되지 않아야 하며, 해외 선진국 제품이라고 해도 반드시 안전한 것은 아니

니 꼼꼼히 따져보고 구매해야 합니다. 특히 낯선 소재의 장난
감은 리콜 대상 여부를 확인하고 구매하는 게 바람직합니다.

❺ 장난감을 갖고 논 직후에는 손을 깨끗하게 씻도록 지도합니다.
장난감을 오래 만질 경우 땀이 나면서 중금속이 배출될 수 있
으며, 씻지 않은 손으로 식품 등을 섭취할 경우 유해물질을 직
접 흡입할 위험이 있습니다. 아이가 장난감을 가지고 논 후에
는 반드시 씻도록 해야 하며, 특히 밤에 장난감을 쥔 채로 잠들
지 않도록 지도해야 합니다.

2. 치약

C씨는 매번 아이의 양치를 지도하면서 걱정이 큽니다. 불소가 들어 있지 않아 먹어도 괜찮다는 과일향의 치약을 사용하고 있긴 한데, 아이가 향과 맛이 좋아 조금씩 삼키는 것 같아 건강이 걱정됩니다.

생활 속에서 사용하는 제품 중 인체 흡수가 가장 쉬운 제품이 바로 치약입니다. 치약은 의약외품으로 지정하여 국가에서 엄격하게 관리하는 제품 중 하나입니다. 하지만 치약 성분의 유해성이 최근 이슈화되면서, 제품의 사용 방법에 주의를 기울여야 할 필요성이 더욱 높아졌습니다. 치약은 이를 하얗고 튼튼하게 유지하며 입속 청결, 치아와 잇몸 및 구강 내의 질환 예방을 위해 사용합니다. 이러한 여러 성능을 위해서 다양한 화학물질을 치약의 성분으로 사용하기 때문에, 소비자는 이를 사전에 확인하여 구매할 필요가 있습니다. 치약의 유해물질로 이슈화되었으며 가습기 살균제 건강피해 물질이기도 한 CMIT/MIT(특히 해외 제품), 제품이 상하지 않도록 하는 보존제인 파라벤을 적은 양이라도 포함한 제품은 피하는 것이 좋습니다.

❶ **치약을 완두콩 크기(칫솔모 길이의 1/2)만큼 짜서 물에 묻히지 말고 바로 양치합니다.** 치약에는 세균과 치석을 제거해주는 연마제가 들어 있는데, 연마제에 물이 닿으면 성분이 희석되어 농도가 낮아지므로 물을 묻히지 말고 양치하는 것이 좋습니다. 양치를 하는 과정에서는 치약을 삼키지 않도록 주의해야 하며, 사용 후에는 입안을 충분히 헹구어내야 합니다. 특히 아이가 좋아하는 향이나 맛을 가진 치약은 빨아 먹거나 삼키지 않도록 지도해야 합니다. 만 2세 이하의 아이는 치약을 삼킬 가능성이 더욱 크기 때문에 치약 대신에 의약외품인 구강 청결용 물티슈로 닦아주는 것이 바람직합니다. 이 구강 청결용 물티슈 역시 물로 헹구거나 적시지 말고 바로 이와 잇몸에 사용하는 것이 좋습니다. 혹시 아이가 많은 양의 치약을 삼켰을 때에는 즉시 병원에 가서 진료를 받아야 합니다.

❷ **양치할 때는 샤워헤드에서 나오는 물로 입을 헹구지 않도록 합니다.** 수도꼭지에서 물에 접촉하는 부위는 동합금 재료로 납을 일정 부분 함유할 우려가 있어, 정부는 소비자의 안전을 위해 위생안전인증을 취득 후 판매하도록 하고 있습니다. 하지만

샤워헤드는 먹는 물 용도의 수도꼭지가 아니기 때문에 그러한 인증을 거치지 않습니다. 그러므로 양치할 때 입을 헹구는 물은 위생안전인증 대상 제품인 주방용 또는 세면용 수도꼭지에서 사용해야 합니다. 또한 수도꼭지는 10년에 1회 정도는 새것으로 교체하는 것이 좋으며, 사용한 지 오래되어서 부식되었을 때에는 즉시 교체해야 합니다.

❸ **가글 후 30분 동안은 음식을 먹지 않도록 합니다.** 최근 치아를 깨끗하게 하기 위해 양치 후에 가글을 하는 경우가 늘고 있습니다. 가글을 한 후에는 화학 성분이 남아 있을 수 있기 때문에 30분 후에 음식을 먹는 것이 좋습니다. 또한 가글액은 제품 용기에 기재된 용법·용량 및 주의 사항을 꼼꼼하게 읽고 사용해야 합니다. 특히 치약 대용으로 장기간 사용하지 않도록 주의해야 하며, 만 6세 이하 아이는 가글을 그냥 삼킬 수 있으므로 아예 사용하지 않도록 하는 것이 바람직합니다. 그리고 가글액 중 일부는 에탄올이 함유되어 있으므로 구강건조증이 있으면 되도록 에탄올이 없는 제품을 사용하는 것이 바람직합니다.

3. 모기(진드기) · 벌레 기피제

　　D씨는 날씨가 좋아 아이와 함께 공원으로 소풍을 갔습니다. 바닥이 잔디밭이다 보니 진드기 등 해충이 걱정되어서 아이 몸에 기피제를 많이 뿌려주었습니다. 뿌리는 과정에서 아이가 기침을 했는데, 외출 후 돌아와보니 뿌린 부위에 피부 발진이 생겨 걱정이 되었습니다.

　　최근 캠핑이나 공원 나들이가 증가하면서 아이에게 벌레, 모기, 진드기 등이 접근하지 못하도록 하기 위한 기피제 소비량도 증가하고 있습니다. 그러나 최근 판매되고 있는 기피제는 향이 좋거나 냄새가 없는 제품이 많아 함유 성분의 유해성을 인지할 수 없어 사용 시 더욱 주의가 필요합니다.

　　기피제는 크게 의약외품인 모기(진드기) 기피제와 안전확인대상생활화학제품인 벌레 기피제로 구분합니다. 우선 모기 기피제는 모기와 진드기의 접근을 막기 위한 기피제로, 주요 성분인 디에틸톨루아미드의 경우에는 안전성이 입증된 물질입니다. 하지만 디에틸톨루아미드의 농도가 진한 제품을 장시간 광범위하게 사용할 경우에 문제가 생길 수 있으므로 사용 과정에서 주의가 필요합니다. 특히 디에틸톨루아미드의 농도에 따라 사용 가능 연령과 사용 방법이 달라지기 때문에, 제품에 표기된 사용상 주의 사항을 꼭 읽고 용도에 맞는 제품을 구매해야 합니다.

벌레 기피제는 쌀벌레, 좀벌레, 날벌레의 접근을 막기 위한 기피제로 안전확인대상생활화학제품으로 지정되어 있습니다. 벌레 기피제에서는 알레르기와 천식을 유발하는 폼알데하이드가 방출될 수 있습니다. 특히 대부분 분사형 제품이기 때문에 호흡을 통해 직접적으로 흡수될 가능성이 높아 사용 시 주의가 필요합니다.

· 기피제 유해물질 목록 ·

구 분	유 해 물 질
벌레 기피제	폼알데하이드, 아세트알데하이드, 디메틸포름아미드
모기 기피제	디에틸톨루아미드

❶ **필요 이상으로 과량 또는 장시간 사용하지 않습니다.** 기피제는 최소 4~5시간의 효과가 있으므로 4시간 이내에 추가로 사용하지 않아도 됩니다. 특히 아이가 기피제가 묻은 손으로 음식물 또는 음료를 먹지 않도록 주의해야 하며, 외출에서 돌아오면 기피제가 묻어 있는 피부를 되도록 빨리 씻어내는 것이 바람직합니다.

❷ **모기(진드기) 기피제는 자외선 차단제와 함께 사용하지 않습니다.** 모기 기피제의 성분인 디에틸톨루아미드는 자외선 차단제와 함께 피부에 더 많이 흡수될 수 있습니다. 자외선 차단제를 사용하고 최소 30분이 지난 후 모기 기피제를 사용하는 것이 바람직합니다.

❸ **밀폐된 장소에서 사용하지 않고 얼굴에 직접 분사하지 않습니다.** 기피제는 되도록 실내보다는 실외에서 사용해야 하며, 아이에게 사용할 때는 마스크나 수건으로 아이의 입과 코를 가려 유해물질이 흡입되지 않도록 주의해야 합니다. 특히 아이의 얼굴에 사용할 때에는 부모가 자신의 손에 먼저 덜어 아이

눈이나 입, 귀 주위를 피하여 조심스럽게 소량만 바르도록 합니다. 그 외에도 신속히 흡수될 수 있는 부위(상처, 염증이 생긴 부위 등) 및 햇볕에 많이 탄 피부에는 사용하지 않는 것이 좋습니다.

❹ **벌레 기피제는 안전확인대상생활화학제품 표시, 모기(진드기) 기피제는 의약외품 표시가 있는지 확인하고 구매합니다.** 수입 제품 역시 정식으로 수입되어 관련 기준에 따라 확인 또는 승인된 제품을 구매하는 것이 바람직합니다. 무엇보다 의약외품인 모기 기피제의 유효 성분은 디에틸톨루아미드, 파라멘탄-3,8-디올, 이카리딘, 에틸부틸아세틸아미노프로피오네이트, 이렇게 4개뿐이니 다른 성분이 포함되어 있지 않은지 확인 후 제품을 구매해야 합니다. 그리고 디에틸톨루아미드가 함유된 제품은 6개월 미만의 아이에게는 사용하지 않도록 해야 하며, 연령별 적합한 용법·용량을 지켜야 합니다.

〈참고〉 야생 진드기 예방 요령(환경부)

1. 가리고 뿌리기

– 진드기 기피제를 사용하세요.

– 피부 노출 최소화

2. 지키고 피하기

– 야생동물 접촉은 위험합니다!

– 지정된 등산로, 통행로(인도) 이용(야외 활동 시 방석/돗자리
사용)

3. 털고 씻기

– 외출 후 옷은 반드시 세탁하고, 몸 씻기를 합니다.

– 진드기가 옷에 붙었을 때 테이프로 떼어주세요.

– 물고 있는 진드기 발견 시 핀셋 등의 도구로 떼고 소독해주
세요.

– 반려동물도 진드기에 물릴 수 있어요. 산/들로 산책한 후 전신
을 꼼꼼히 살펴봅니다.

4. 놀이터

E씨는 한여름이라 덥긴 하지만 아이가 집에 있는 걸 갑갑해 해서 아파트 단지 놀이터에 잠시 나왔습니다. 더워서 놀이터는 텅 비어 있고 아이 혼자 여러 놀이기구를 독차지하며 즐거워했지만, E씨는 바닥재가 뜨거워서인지 어디선가 불쾌한 냄새가 나는 것 같아 아이 몸에 해롭지 않을까 걱정되었습니다.

놀이터는 아이들이 활동하는 대표적 공간입니다. 하지만 실외에 있다 보니 각종 먼지가 쌓여 건강에 유해할 수 있고, 훼손된 놀이기구 및 바닥재를 통해 아이가 유해물질에 쉽게 노출될 수 있는 공간이기도 합니다. 특히 놀이터의 고무 바닥재에 함유된 유해물질 배출 문제가 매년 이슈가 되고 있습니다. 아이가 많은 시간을 보내는 공간인 만큼, 놀이터에서 노출될 위험이 있는 유해물질에 관심을 갖고 줄이려는 노력이 필요합니다.

예전에는 금속제 놀이기구가 많았지만, 최근에는 금속제 부위와 플라스틱제 부위가 혼합된 놀이기구가 많아졌습니다. 놀이기구의 금속제 부위는 마모 및 노화 방지를 위해 도료, 마감재를 사용하며, 이 부위로부터 납, 카드뮴, 6가 크롬 등 중금속에 노출될 수 있습니다. 또한 플라스틱제 부위도 프탈레이트 가소제가 함유되어 있어 마모되는 과정에서 입자 형태로 아이에게 영향을 줄 수 있습니다.

환경 이슈로 많이 거론되어온 고무 바닥재에서는 발암과 돌연변이 유발 및 생식독성물질로 알려져 있는 다환방향족탄화수소(PAHS)와 중금속이 방출될 수 있습니다. 특히 실외의 바닥재가 파손되었을 때 입자가 아이의 피부와 입을 통해 흡입될 수 있으니 주의가 필요합니다.

• 놀이터 유해물질 목록 •

구 분	유 해 물 질
놀이기구	중금속(납, 카드뮴, 수은, 6가 크롬), 프탈레이트
고무 바닥재	다환방향족탄화수소(PAHS), 중금속(납, 카드뮴, 6가 크롬, 수은)

❶ **놀이터의 바닥재가 고무일 때는 훼손 여부를 살펴봅니다.** 고무 바닥재는 겉면의 우레탄 고무뿐만 아니라 보이지 않게 이를 지지하는 여러 소재의 하부층이 겹겹이 쌓여 있는 구조입니다. 그리고 사이사이에 이를 고정하는 접착 역할을 하는 화학물질이 사용되다 보니 인체에 유해한 물질이 포함될 가능성이 높습니다. 특히 놀이터의 바닥재는 실외에 위치해 있다 보니 뜨거운 햇빛과 바람, 눈 등 기후 영향으로 인해 훼손되기 쉽습니다. 바닥재 훼손 시 입자 형태로 유해물질이 흡입될 수 있어 주의가 필요합니다. 훼손된 바닥재를 발견하면 관리사무소 등을 통해 빠른 시간 안에 교체나 보수가 이루어지도록 조치해야 합니다.

❷ **놀이터에서 아이가 손을 입에 넣지 않도록 지도합니다.** 놀이기구는 많은 아이들이 사용하다 보니 건강에 해로운 세균 등이 손을 통해 옮겨질 수 있습니다. 또한 오래된 놀이기구에 칠해져 있는 페인트가 벗겨지면서 아이 몸속으로 중금속이 흡수될 수 있습니다. 아이가 놀이터에서 집으로 돌아오면 반드시 손 씻기, 양치질하기 등 청결한 생활 습관을 갖도록 지도해야 합니다.

❸ **햇빛이 강한 날은 놀이터를 이용하지 않는 것이 좋습니다.** 고무 바닥재는 온도가 올라갈수록 유해물질 방출량이 높아지는 경향이 있습니다. 또한 금속제 놀이기구에 칠해진 도료에서도 공기 오염을 유발하는 유해물질이 가열되어 더 많이 방출될 가능성이 있으므로, 폭염 등 온도가 높은 날은 되도록 놀이터 이용을 자제하게 하는 것이 바람직합니다.

〈참고〉 놀이터 체크법(환경부)

1. 놀이터에 애완용 개나 고양이가 자주 돌아다니는지를 확인해보세요. 최근 애완견 사육이 급증하고 있어 어린이 놀이터에도 반려동물들이 자주 돌아다니는데요. 동물들의 배설물 등으로 모래에 기생충이 생길 수 있습니다.

2. 놀이기구에 칠해진 페인트를 만져보세요. 페인트 가루가 손에 묻을 정도면 중금속에 노출될 가능성이 큽니다. 특히나 페인트 가루가 떨어지면서 납 성분이 아이들의 입속으로 들어갈 위험이 있습니다.

3. 놀이터 벤치에 도료가 발라져 있지 않거나 일부가 갈라져 썩었는지 관찰합니다.

4. 놀이터 내 계단이나 화단 등이 철도 폐침목을 재활용해 만들어
   졌는지를 확인해야 합니다. 폐침목은 방부 처리용으로 사용되
   는 발암물질 '크레오소트유' 등이 섞여 있어 토양을 오염시키는
   주범이기도 합니다.

5. 놀이터 바닥에 합성고무 바닥재가 깔렸을 경우 훼손 여부 등을
   살펴야 합니다. 바닥재가 찢어지고 비가 와서 물이 고이면 각종
   기생충이 서식하기 좋은 환경이 되기 때문입니다.

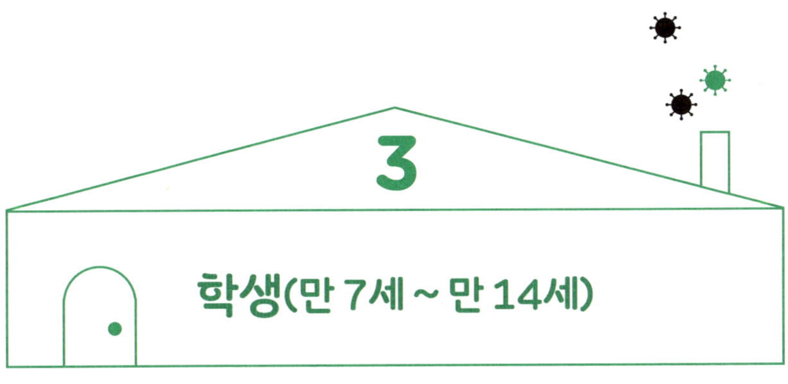

1. 학용품

A씨는 아이가 유튜브에서 '먹는 종이와 분필'을 보고 사달라고 졸라서 할 수 없이 사주었습니다. 재밌어하는 아이를 보면 흐뭇하긴 했지만, 믿고 먹을 수 있는 안전한 음식인지 걱정되기도 합니다. 또한 실제 학용품을 입에 물거나 실수로 먹지 않을까 걱정됩니다.

아이가 있는 집은 유치원, 초등학교 등 매년 새 학기가 되면 새로운 학용품을 구매합니다. 그런데 장난감과 마찬가지로 안전을 최우선으로 해야 할 학용품에서도 안전 기준을 제대로 지키지 않아 사고가 매년 발생하고 있습니다.

학용품은 대개 화려한 색상을 내기 위해 페인트나 안료를 많이 사용하며, 플라스틱 재질 부분 또한 부드럽게 하기 위해서 프탈레이트 성분을 사용해 제조할 수밖에 없습니다. 이러한 제품은 장난감과 마찬가지로, 프탈레이트 가소제나 중금속을 배출할 가능성이 큽니다. 특히 시중에 판매되는 대부분의 지우개는 고무가 아니라 플라스틱 제품으로, 제품을 부드럽게 만들기 위해 가소제 성분을 이용하다 보니 가소제의 함량이 다른 제품에 비해 높게 나타나는 경향이 있습니다. 아동용 가방, 실내화 등 섬유 제품에서도 시력 장애나 피부 장애 등을 일으킬 수 있는 물질인 폼알데하이드가 배출된 적이 있습니다. 무엇보다 크레파스, 색연필, 그림물감 등 미술용품은 사용 과정에서 쉽게 분말 또는 액상 형태로 방출되어 인체에 흡입될 확률이 높기 때문에, 이들 제품을 사용할 때에는 더욱 주의가 필요합니다.

• 학용품 유해물질 목록 •

구 분	유 해 물 질
샤프	중금속(납, 카드뮴)
지우개	프탈레이트 가소제
색연필	중금속(납, 카드뮴), 테레빈, 자일렌, 1,4-다이옥세인
크레파스	중금속(납, 카드뮴, 수은), 알킬페놀류, 테레빈, 자일렌, 1,4-다이옥세인
물감	중금속(납, 카드뮴, 수은), 트라이클로로에틸렌, 테레빈, 자일렌, 1,4-다이옥세인
풀	폼알데하이드
필통	프탈레이트 가소제, 중금속(납, 카드뮴)
가방	폼알데하이드, 중금속(납, 카드뮴)
실내화	폼알데하이드, 아릴아민

❶ **크레파스, 색연필과 지우개를 사용한 후 식품 섭취 시에는 반드시 손을 씻도록 지도합니다.** 크레파스, 색연필, 지우개는 다른 학용품에 비해 함유될 수 있는 유해물질의 종류도 많고 배출이 쉬운 연질이어서, 유해물질 노출 가능성이 높은 제품들입니다. 반드시 사용 과정에서 입으로 가져가지 않도록 하고, 제품 사용 후에는 손을 씻도록 지도해야 합니다.

❷ **안전한 학용품을 구매하려는 태도가 중요합니다.** 대형마트라고 해서 무작정 믿고 구매하지 말고, KC 인증 표시가 있는지를 확인해야 합니다. KC 인증 표시를 확인할 수 없거나 의심스러운 국가에서 만들어진 제품은 피하는 것이 바람직합니다. 특히 제품에 '주의', '경고', '위험' 등 표시가 되어 있는 학용품은 되도록 사지 않도록 하며, 제조연월일을 꼭 확인하여 최근에 만들어진 제품을 구매하는 것이 좋습니다. 또한 낯선 형태의 학용품은 추가적으로 제품의 리콜 여부를 확인하여 구매할 필요가 있습니다.

• 리콜 제품 정보 제공 홈페이지 •

홈 페 이 지	설 명
제품안전정보센터 (http://safetykorea.kr)	국내외 제품의 리콜 대상 정보와 함께 제품의 사고 및 불법·불량 제품에 대한 신고 서비스를 제공한다.
행복드림 (http://www.consumer.go.kr)	국내외 제품의 리콜 대상 정보와 함께 제품 피해와 관련된 피해 구제 신청 서비스를 제공한다.

· 지우개는 너무 말랑거리는 제품의 경우 가소제가 많이 함유되었을 가능성이 높으므로 구매를 피해야 합니다.

· 색연필, 크레파스, 물감은 다른 학용품에 비해 포함될 수 있는 유해물질이 다양하기 때문에 KC 인증 표시와 제품의 리콜 여부, 제품 성분을 더욱 꼼꼼히 확인하고 구매하는 것이 바람직합니다.

· 가방은 반짝이고 화려한 색깔의 제품의 경우 중금속의 함유 가능성이 높으므로 구매하지 않는 것이 좋습니다.

· 파일철은 플라스틱 소재보다는 종이나 판지 소재 제품을 구매하도록 합니다.

· 클립은 색이 입혀지지 않은 클립을 구매하도록 합니다.

❸ 반짝이는 재질이나 화려한 색깔, 향이 강한 제품은 되도록 피합니다. 이들 제품은 인체에 유해한 색소나 중금속을 사용했을 가능성이 높습니다. 보기 좋은 학용품이 남에게 과시하기에는 좋을지 몰라도 반드시 아이의 건강에 좋은 것은 아니라는 점을 명심할 필요가 있습니다. 또한 접착제가 있는 제품(스티커 등)이나 향기가 강한 제품은 되도록 피하는 것이 바람직합니다. 향기가 강하게 나는 제품은 향료가 첨가되어 있으며, 향료 중에 원료 정보를 알 수 없는 유해물질이 포함되어 있을 수 있습니다.

2. 가구

　　B씨는 아이가 크면서 최근 아이 방의 가구를 교체했습니다. 그런데 아이가 자꾸 눈이 따갑고 머리가 띵하다는 이야기를 해서 창문을 열어 환기를 자주 해주고 있습니다. 하지만 한 달이 지나도 아직까지 가구에서 나는 냄새로 인해 아이가 반복해서 같은 증상을 호소하고 있습니다.

　　가정의 실내 공기 오염의 주요 발생원 중 하나는 가구입니다. 가구를 처음 사용할 때에 냄새로 인해 눈이나 목이 따가운 경험이 한번쯤 있을 것입니다. 이러한 증상은 가구의 목재 등 재료 자체에서 발생하는 것도 있겠지만, 가구의 제작과 시공에 사용되는 다량의 화학 접착제로 인한 부분이 크다고 할 수 있습니다.

· 실내 공기 오염의 주요 원인 ·

구 분	유 해 물 질
가구, 건축자재	폼알데하이드, 휘발성 유기화합물
가스레인지	일산화탄소, 아황산가스, 이산화질소
프린터, 세탁기	오존
단열재	석면
가습기, 카펫	미생물성 물질

음식물 쓰레기	악취
외부 공기	미세먼지, 이산화질소, 아황산가스

　우선 가구 표면에 칠해진 페인트와 접착제에 사용된 휘발성 유기화합물과 폼알데하이드 등이 실내 공기로 방출되어 인체에 흡수될 수 있습니다. 휘발성 유기화합물은 여러 유기화합물이 합쳐진 복합물질로 개별 물질별 유해 영향이 명확하게 규정되어 있지는 않으나 눈, 코, 목에 대한 자극에서부터 간, 신장 및 중추 신경계까지 독성 영향을 주는 것으로 알려져 있습니다. 폼알데하이드는 발암물질로 환경성 질환인 알레르기성비염과 천식을 유발할 가능성이 있어 아이들이 노출되지 않도록 주의를 기울여야 합니다. 또한 피부 알레르기를 유발하는 니켈이 이음새, 손잡이 등 가구 표면의 금속 재질에서 방출될 수 있습니다. 이 외에도 표면 마감 재료로 합성수지 시트지를 사용한 때에는 중금속, 프탈레이트, 유기주석화합물 등이 포함될 수 있습니다.

· 가구 유해물질 목록 ·

구 분	유 해 물 질
목제 가구	폼알데하이드, 휘발성 유기화합물, 니켈
금속제 가구	중금속, 프탈레이트 가소제, 유기주석화합물, 니켈

❶ **새 가구를 사용할 때 가구 문을 활짝 열고 장시간 환기를 시켜서 유해물질을 밖으로 내보냅니다.** 새 가구는 초기에 다량의 유해물질을 방출할 가능성이 크기 때문에 최대한 자극적인 냄새를 없애는 데 주의를 기울여야 합니다. 새 가구의 초기 유해물질을 크게 줄일 수 있는 방법으로는 베이크 아웃(Bake out, 태워 없애기)이 있습니다. 베이크 아웃은 옷장, 서랍 등 가구를 모두 개방하고 창문을 밀폐한 상태에서 실내 공기의 온도를 높여(실내 온도 33~38℃, 5시간 이상 유지) 가구에서 방출되는 유해물질을 일시적으로 증가시킨 후 모든 창문을 개방하여 환기를 통해 유해물질을 제거하는 방법입니다. 주의할 것은 베이크 아웃 과정에 집 안에 있어서는 안 되며, 창문을 열기 위해 집으로 들어갈 때에는 반드시 보건용 마스크를 착용해야 합니다. 또한 이 과정에서 임산부 또는 아이들이 출입하는 것을 되도록 막아야 합니다.

❷ **목제 가구는 목질 판상 제품(파티클보드, 섬유판, 합판)보다는 화학 처리가 덜 된 원목 가구를 구매합니다.** 목질 판상 제품은 제조 과정에서 폼알데하이드, 휘발성 유기2화합물 등 가구의 유

해물질의 주요 원인인 접착제가 사용되기 때문에, 되도록 원목 가구를 구매하는 것이 좋습니다. 부득이하게 목질 판상 제품을 구매할 때에는 되도록 폼알데하이드 방출량 등이 관리된 친환경 제품 인증(환경표지)을 받은 가구를 선택하는 것이 좋습니다. 또한 원목 가구라고 홍보해도, 사실상 앞면만 원목을 사용하고 뒷면, 옆면, 내부, 서랍 바닥 부분은 목질 판상 제품을 사용한 경우가 많기 때문에 전체가 원목이 맞는지 세심하게 확인하는 것이 좋습니다.

· 목질 판상 구분 ·

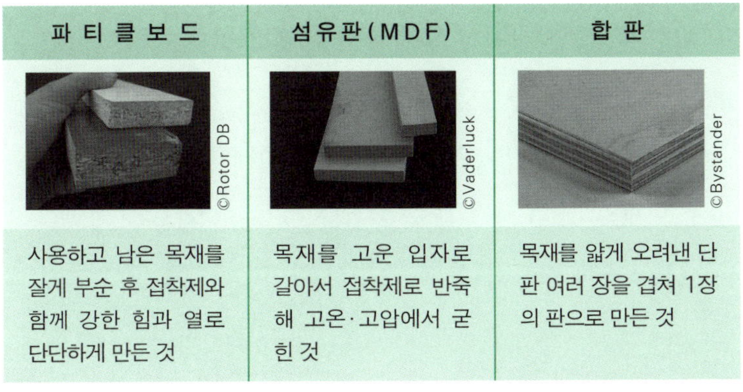

파 티 클 보 드	섬유판(MDF)	합 판
사용하고 남은 목재를 잘게 부순 후 접착제와 함께 강한 힘과 열로 단단하게 만든 것	목재를 고운 입자로 갈아서 접착제로 반죽해 고온·고압에서 굳힌 것	목재를 얇게 오려낸 단판 여러 장을 겹쳐 1장의 판으로 만든 것

(출처 : 위키피디아)

❸ 공장에서 갓 생산된 제품보다는 가게 전시장이나 창고에서 한동안 머물러 폼알데하이드가 거의 다 방출된 제품을 선택합니다.

구매 시에는 되도록 가구 속의 냄새를 맡아 냄새가 적게 나는지 확인하고 구매하는 것이 바람직합니다. 구매 후에도 환기가 잘되지 않는 방 등에 둘 경우 미리 밖에서 환기를 통해 유해물질을 방출한 후 들여오는 것이 좋습니다. 가구 배치 시에는 유해물질이 환기가 잘될 수 있도록 벽에 너무 닿지 않도록 해야 합니다. 또한 폼알데하이드 제거 능력이 좋은 팔손이, 백냥금, 산세베리아 등 공기 정화 식물을 가구 근처에 놓으면 좋습니다.

❹ **되도록 표면에 금속 재질이 적은 제품을 구매합니다.** 책상, 의자, 서랍장 등 가구의 금속 재질 부위에서 피부 알레르기를 유발하는 니켈이 방출될 가능성이 큽니다. 니켈은 몸에 직접 닿지 않아도 호흡을 통한 노출만으로도 알레르기를 유발할 수 있어, 되도록 가구 표면에 금속 재질이 적은 제품을 구매하여 사용하는 것이 좋습니다.

❺ **어린이용 가구를 살 때는 KC 인증 표시를 확인합니다.** 국가에서는 만 13세 이하의 어린이가 사용하는 제품에 대해 안전 요건과 유해물질 등 제품의 안전을 보장하기 위한 별도의 기준을 만들어 판매하도록 하고 있습니다. 어린이용 가구는 안전

확인대상어린이제품으로 KC 표시가 되어 있는지를 확인하고 구매하는 것이 바람직합니다. 또한 가구는 한번 구입하면 매우 오래 사용하는 제품인 만큼, 리콜 대상 여부를 확인하여 혹시 제품의 위해 요소가 없는지 꼼꼼히 살펴보고 구매하는 것을 추천합니다.

3. 침대

C씨는 아이가 이제 초등학교에 입학했으니 아이 방에서 혼자 재워도 되겠다고 생각하여 아이 침대를 하나 구입했습니다. 최근 라돈 침대에 관한 이야기를 많이 들어서 걱정은 되지만 어떤 침대를 사야 할지 몰라, 그냥 유명한 브랜드의 제품이 안전하다고 생각하여 선택했습니다.

침대는 침구류와 함께 우리가 가장 많은 시간을 가까이하는 제품입니다. 침대는 목재 또는 철재가 주재료인 구조체(프레임)와 쿠션 기능을 하는 매트리스로 구분합니다. 매트리스의 중심부 소재는 스프링, 폴리우레탄 폼, 라텍스 폼 등이 주로 사용되고, 이를 둘러싸고 있는 표면부는 울, 면, 합성섬유 등 여러 층의 섬유 소재로 구성됩니다.

침대 구조체의 목재 재료로 파티클보드, 섬유판, 합판 등 목질 판상 제품이 사용될 때에는 접착제와 페인트 사용으로 인해 폼알데하이드를 방출할 수 있습니다. 특히 새 목제 침대를 살 때에는 충분히 환기 후 사용하는 것이 좋습니다.

침대 매트리스에는 섬유 등 화재 위험을 방지하기 위해 난연제로 PBDEs가 사용될 수 있습니다. PBDEs는 호흡을 통해 체내에 흡수가 가능하며, 내분비계를 교란하는 환경호르몬 물질 중 하나입니다. 침대의 제품 특성상 장시간 몸에 접촉하는 만큼 임산부나 아이에게 해당 유해물질에 대한 노출 가능성과 위험도가 높으니 주의가 필요합니다.

한편 제품을 차별화하려는 목적으로 섬유뿐 아니라 다양한 매트리스 표면 소재를 사용하여 새로운 유해물질 방출이 논란이 되고 있습니다. 최근에 침대 매트리스에 방사성 원료 물질인 모자나이트를 사용하여 폐암 유발 물질인 라돈이 검출된 것이 대표적인 사례입니다.

유해물질 외에도 돌 전인 아기의 경우 가장 많은 안전사고가 발생하는 곳이 침대로, 최근 5년간 총 4,023건(전체 대비 36.2%)이 발생했습니다. 아기가 침대에서 추락하여 골절이나 타박상을 입는 사례가 많으므로, 안전 가드와 바닥 매트 등 충격 완화 장치를 설치하여 안전사고를 미리 대비하는 것도 중요합니다.

• 침대 유해물질 목록 •

구 분	유 해 물 질
침대 구조체	폼알데하이드, 니켈
매트리스	폼알데하이드, 진드기, 라돈, 중금속(납, 카드뮴)

❶ **침대가 있는 방은 환기를 자주 해주며, 너무 습하지 않은 환경을 유지합니다.** 창문을 자주 열어 환기가 잘 이루어지도록 하며, 특히 에어컨이나 가습기 등을 활용하여 실내 습도를 40~60%로 유지하여 침대 매트리스에 진드기나 곰팡이가 번식하지 않도록 주의를 기울여야 합니다.

· 실내 적정 온습도 ·

구 분	온 도	습 도
봄가을	19~23℃	50%
여름	25~26℃	60%
겨울	18~21℃	60%

❷ **매트리스 커버는 최소 월 1회 정기적으로 세탁합니다.** 커버를 벗겨낸 뒤 매트리스 표면에 묻은 먼지도 진공청소기로 간단히 제거하도록 합니다. 청소 전에 매트리스를 뒤집어서 먼지를 털어내는 것이 좋으며, 표면 오염 시 염소 표백제로 닦아내고 물걸레로 다시 닦아 말려줍니다. 반려동물은 되도록 침대에서 재우지 않고, 진드기의 먹이가 되는 털이 침대에 남아 있지 않도록 주의합니다. 커버는 진드기 불투과성 천이 좋습니다.

❸ **낯선 소재의 침대 광고에 현혹되지 말고 사회적으로 대중화 및 안전성 검증이 되고 나서 구매합니다.** '라돈 침대'도 모자나이트라는 낯선 소재가 사용되면서 문제가 된 것처럼, 낯선 소재의 침대는 어느 정도 안전성이 입증된 후 구매하도록 합니다. 또한 침대 구조체는 주로 목재 재질인데, 목질 판상 제품(파티클보드, 섬유판, 합판)보다는 화학 처리가 덜 된 원목 소재 제품을 구매하는 것이 좋습니다. 목질 판상 제품은 제조 과정에서 폼알데하이드 등 가구 유해물질의 주요 원인인 접착제가 사용되기 때문에 불면증 등을 유발할 수 있어 사용에 주의가 필요합니다. 또한 새 침대를 구매했을 때에는 충분한 환기 후 사용하도록 합니다.

❹ **어린이용 침대를 구매할 때에는 어린이 제품 KC 인증 표시를 확인합니다.** 어린이용 침대(구조체, 매트리스 모두 포함)는 안전확인대상어린이제품으로 어린이 제품 KC 표시가 되어 있는지를 확인하고 구매하는 것이 바람직합니다. 또한 가구와 마찬가지로 침대 역시 한번 구입하면 매우 오래 사용하는 제품인 만큼, 리콜 대상 여부를 확인하여 제품의 위해 요소가 없는지 꼼꼼히 살펴보고 구매하도록 합니다.

4. 컴퓨터·프린터

D씨는 최근 아이 방에 컴퓨터와 프린터를 설치했습니다. 그런데 프린터가 작동할 때 특유의 냄새가 나고 잉크 가루 입자가 남아 입으로 불면 날아가는 게 보일 정도여서 아이의 몸에 해로울까 걱정이 큽니다.

컴퓨터는 아이들이 게임, 쇼핑, 숙제를 위한 정보 검색 등 많은 시간을 소요하는 제품 중 하나입니다. 컴퓨터는 크게 금속류, 합성수지류 및 부품류(CD-ROM, Power supply 등) 등 다양한 원료로 구성되어 있어 중금속 등 유해물질이 함유될 가능성이 높습니다. 또한 컴퓨터가 있는 집에서 함께 많이 사용하고 있는 제품인 프린터는 토너 파우더 등이 인체에 위해를 가할 우려가 있어 안전확인대상생활화학제품으로 지정되어 관리되고 있는 만큼 사용 과정에서 주의가 필요합니다.

컴퓨터의 많은 부분을 차지하는 재질이 금속류이기 때문에 구성 부품 내에 납, 카드뮴, 수은, 6가 크롬 등 중금속이 함유될 가능성이 높습니다. 특히 컴퓨터 내부에 사용되는 전지와 관련해 중금속 이슈가 많아 해외에서도 관리 대상이 되고 있습니다. 또한 과열로 인한 화재 방지를 위해 합성수지 원료인 브롬화난연 제를 사용할 수 있기 때문에, 컴퓨터를 사용하는 과정에서 열이 발생하면 증기 형태로 방출될 수 있습니다. 그리고 원료에 포함 되어 있는 유해물질뿐 아니라 컴퓨터를 제조(조립)할 때 납땜이 나 세척 공정에서 휘발성 유기화합물 등 유해한 물질이 사용되 어 최종 제품에 남아 있을 위험이 있습니다.

프린터는 인쇄 과정에서 오존, 먼지, 휘발성 유기화합물(잉크) 등 유해물질이 발생할 수 있습니다. 상층의 오존은 해로운 자외 선을 막아주어 좋지만, 지표 근처의 오존은 사람에게 나쁜 영향 을 주는 해로운 물질입니다. 오존은 인쇄 과정 중 방전으로 발생 되어 방출될 수 있습니다. 또한 토너는 안전확인대상생활화학제 품으로 인쇄 과정에서 중금속(납, 카드뮴, 수은, 비소), 벤젠 등 유해 물질을 가루 형태로 방출할 수 있습니다.

· 컴퓨터 · 프린터 유해물질 목록 ·

구 분	유 해 물 질
컴퓨터	중금속(납, 카드뮴, 수은, 6가 크롬), 브롬화난연제, 프탈레이트
프린터(토너 포함)	오존, 휘발성 유기화합물, 벤젠

❶ **컴퓨터와 프린터에서 열이 나오는 방향과 사용자의 얼굴이 마주 보지 않도록 설치합니다.** 컴퓨터, 프린터 등 가전제품은 사용하는 과정에서 열을 배출하는 부분을 통해 브롬화난연제, 오존 등 유해물질이 증기 형태로 방출될 수 있습니다. 되도록 이 부분을 손으로 만지지 않도록 하며, 특히 열을 배출하는 부분이 얼굴 쪽으로 향하지 않도록 해야 합니다. 또한 컴퓨터와 프린터는 아이 방 등 밀폐된 공간에 설치하기 때문에 사용 과정 또는 사용 후에 창문을 열어 환기를 하는 것이 바람직합니다.

❷ **전원 코드 등 전선의 피복이 벗겨진 제품은 즉시 교체합니다.** 컴퓨터와 프린터의 전선에는 프탈레이트 가소제가 함유될 가능성이 높습니다. 피복이 벗겨지거나 낡은 전선은 사용 과정에서 유해물질이 입자 형태로 방출되어 흡입이나 호흡을 통해 아이의 몸으로 들어올 수 있습니다. 또한 화재 안전사고의 위험도 있기 때문에 호환되는 새로운 제품으로 즉시 교체해야 합니다.

❸ **인쇄된 종이에 토너 가루가 많이 남을 경우 즉시 토너를 교환**

하거나 프린터를 수리합니다. 프린터 토너 가루에는 몸에 해로운 중금속, 벤젠 등 유해물질이 포함될 가능성이 있습니다. 토너 가루가 종이에 정착하지 않은 가루 형태로 남아 있을 때에는 흡입을 통해 몸으로 쉽게 흡수될 수 있습니다. 이럴 때에는 토너를 교환하거나 프린터 이상인 경우 AS를 받아 즉시 수리해야 합니다.

가족

1. 주방 세제

　　A씨는 집에 아이가 있다 보니 인터넷 검색을 통해 해외에서 유명한 주방 세제를 구매하여 사용하고 있었습니다. 그런데 최근 이 주방 세제에서 가습기 살균제 피해 물질이 검출되었다는 소식을 듣고 화가 났습니다. 무엇보다 더 건강하게 키우려고 사용했는데 아이에게 오히려 해를 끼친 것 같아 미안한 마음에 가슴이 미어졌습니다.

　　설거지를 하다 보면 음식 용기에 주방 세제가 남아 있지 않을까 다들 한번씩은 걱정해봤을 것입니다. 주방 세제의 경우 사용 후 표면에 잔류해 식품과 직접 접촉할 우려가 있기 때문에 번거롭더라도 스스로 자세히 살펴 안전하게 사용하도록 노력해야 합니다. 다행히 주방 세제의 경우 우리나라에서는 사용 기준을 엄격히 정하여 관리하고 있습니다. 그러므로 다른 제품과 달리 국가의 관리 사항만 잘 숙지한다면 안전하게 사용할 수 있습니다.

식품의약품안전처에서는 안전성 측면을 고려하여 세제를 3가지 군으로 나누어 관리하고 있습니다. 야채, 과일 등을 씻는 데 사용하는 1종 주방 세제와 식품 기구와 용기를 씻는 데 사용하는 2종 주방 세제가 일반 가정에서 사용됩니다. 3종 주방 세제는 주로 식품의 제조 장치, 가공 장치에 쓰이는 산업용 세제입니다. 이를 잘 구분하여 용도에 맞게 주방 세제를 구매하는 것이 바람직합니다.

그런데 아이를 키우는 가정에서는 세제의 친환경 측면을 고려하여 고가의 해외 제품을 구매하는 경우가 많습니다. 하지만 해외 제품과 관련해, 국내에서 원료 사용을 금지하고 있는 가습기 살균제 건강피해 물질 CMIT/MIT가 배출되었다는 소식이 종종 발표됩니다.

CMIT/MIT는 미생물 증식을 막거나 지연시켜 제품의 변질을 방지하는 보존제 성분입니다. 인체에 노출 시 피부, 호흡기, 눈에 강한 자극을 줍니다. 더욱이 가습기 살균제 건강피해 사건의 원인 물질로 판정되면서 국내에서는 사용을 금지하고 있습니다. 하지만 해외에서는 아직 사용을 허가하고 있으므로, 해외 주방 세제를 구입할 때에는 해당 성분이 포함되어 있지 않은지 꼼꼼히 확인하고 구입하는 것이 바람직합니다.

• 주방 세제 유해물질 목록 •

구 분	유 해 물 질
1종 주방 세제	메탄올, 비소, 중금속, 향료
2종 주방 세제	메탄올, 비소, 중금속, CMIT/MIT(일부 해외 직구 제품), 향료
3종 주방 세제	비소, 중금속, 향료

❶ **용도에 맞는 주방 세제를 사용합니다.** 주방 세제는 pH, 비소, 중금속의 함량 등 안전성 측면을 고려하여 3가지 종류로 구별하며, 용도에 맞게 사용해야 합니다. 특히 2종 주방 세제의 경우 식품에 첨가할 수 없는 성분이 포함될 수 있기 때문에, 채소와 과일을 세척할 때에는 반드시 1종 주방 세제를 사용해야 합니다. 1종 주방 세제는 2종 또는 3종 주방 세제, 2종 주방 세제는 3종 주방 세제의 목적으로 사용할 수 있으나, 3종 주방 세제는 1종 또는 2종 주방 세제, 2종 주방 세제는 1종 주방 세제의 목적으로 사용해서는 안 됩니다. 세제의 종류는 제품 포장에 표시되어 있으니 이를 확인하고 용도에 맞게 구매할 필요가 있습니다. 무엇보다 2종 주방 세제의 경우 제품 표면에 별도로 표기를 안 하는 경우가 있으니, 꼭 1종을 확인하고 구매해야 합니다.

❷ **제품에 표기된 적정 사용량을 사용합니다.** 세제를 많이 사용한다고 세정력 증진에 도움이 되지 않으며, 오히려 음식 용기에서 잘 안 씻겨 잔류할 위험이 높습니다. 세제는 되도록 음식 용기가 세척될 수 있을 정도로만 적게 사용하는 것이 바람직

합니다. 특히 세제 사용 후에는 식품 또는 식품 용기의 헹굼에 주의해야 합니다. 야채 또는 과일은 주방 세제의 용액에 5분 이상 담그지 않아야 하며, 용기 세척 후에는 물과 세제 잔류분이 완전히 빠지도록 엎어서 말리도록 합니다.

❸ **사용할 때에는 고무장갑을 착용합니다.** 고무장갑을 착용하지 않고 주방 세제를 사용하면, 계면활성제 등 세제 성분에 의해 피부 자극이 일어날 수 있습니다. 특히 식물성계 계면활성제가 아닌 석유계 계면활성제는 피부에 대한 자극이 높기 때문에 설거지 양이 적더라도 반드시 고무장갑을 착용하는 것이 바람직합니다.

❹ **되도록 친환경 인증을 받은 국내 제품을 사용합니다.** 인터넷을 통해 해외 제품을 직접 배송 또는 구매 대행으로 구매할 경우, 우리나라에서 금지하고 있는 원료 성분이 포함되어 있을 수 있습니다. 또한 많은 소비자가 제품 포장에 표기된 '친환경'이라는 단어만 믿고 구매를 결정하는 경우가 많은데, 꼼꼼히 성분을 확인하고 구매해야 합니다. 혹시 성분 확인이 어렵거나 귀찮을 때에는 국가의 친환경 제품 인증인 환경표지 인증을 받은 제품을 구매하는 것이 좋습니다.

〈참고〉 주방 세제 종류별 규격(「위생용품의 기준 및 규격」)

구 분	1종 주방 세제	2종 주방 세제	3종 주방 세제
pH	6.0~10.5	6.0~10.5 (자동식기세척기용 및 세척 과정 중 손에 닿지 않는 세제 제외)	-
메탄올(mg/g) (고형, 분말 제외)	1 이하	1 이하	-
비소(mg/kg)	0.05 이하	0.05 이하	0.4 이하
중금속(mg/kg)	1 이하	1 이하	2 이하
형광증백제	불검출	불검출	불검출
기타	효소 또는 표백 작용 있는 성분 사용 금지	-	-

2. 가스레인지

B씨는 깜빡하고 레인지후드를 켜지 않은 채 가스레인지에서 생선을 구웠습니다. 그런데 구이에서 나온 연기로 인해 천장에 있는 단독경보형 감지기가 작동해 놀랐습니다.

가정에서 가스레인지를 사용하여 요리를 할 때에 미세먼지와 휘발성 유기화합물 등 유해물질이 많이 발생합니다. 주로 구이나 튀김 요리를 할 경우에 찜이나 삶는 요리보다 유해물질이 더 많이 배출되기 때문에 환기에 주의해야 합니다. 가스레인지로 인해 발생하는 유해물질은 가스레인지 자체에서 발생하는 유해물질과 가열 음식에서 나오는 유해물질로 구분할 수 있습니다.

우선 가스레인지는 가스를 연료로 연소시켜 음식을 조리하는 제품이며, 연소하는 과정에서 일산화탄소가 배출될 수 있습니다. 단기간 고농도로 일산화탄소를 흡입할 경우 발열, 구토, 호흡곤란, 두통, 현기증 등이 생길 수 있습니다. 또한 임산부는 일산화탄소 노출 시 태아의 몸무게가 감소할 수 있으며, 아기의 행동장애를 유발할 수 있기 때문에 더욱 주의해야 합니다. 또한 제품 표면에 페인트가 칠해져 있기 때문에, 지속적인 접촉에 따라 페인트 조각이 벗겨져 흡입될 경우에 중금속 노출 위험이 있을 수 있습니다.

다음으로 가스레인지의 가열 음식에서 나오는 유해물질은 미세먼지와 휘발성 유기화합물이 있습니다. 요리 형태와 음식의 종류에 따라 유해물질의 배출량은 다르겠지만, 좁고 밀폐된 주방일 경우 인체에 더욱 치명적인 영향을 미칠 수 있어 주의가 필요합니다.

• 가스레인지 유해물질 목록 •

구 분	유 해 물 질
가스레인지	일산화탄소, 중금속
가열 음식	미세먼지, 휘발성 유기화합물

❶ **구이나 튀김 등 미세먼지가 많이 발생하는 요리를 할 때에는 레인지후드의 풍량을 최대로 높입니다.** 레인지후드의 소음 때문에 낮은 풍량을 설정하여 요리를 하는 경우가 많은데, 풍량이 셀수록 미세먼지가 잘 제거됩니다. 구이나 튀김 요리를 할 때에는 되도록 가장 높은 풍량으로 사용하도록 하며, 요리가 끝난 후에도 최소 30분 이상은 레인지후드를 켜두는 것이 바람직합니다. 또한 생선구이 같은 요리를 할 때에는 팬 뚜껑을 덮고, 튀김 요리를 할 때는 재료가 기름에 완전히 잠기도록 하는 것이 유해물질의 배출량을 줄이는 방법입니다.

❷ **레인지후드와 함께 창문을 조금이라도 열어둡니다.** 창문을 열지 않은 밀폐된 주방에서 레인지후드만 가동할 경우에 압력 손실이 발생하여 레인지후드의 가동 효과가 떨어집니다. 요리하는 과정에서 자연 환기와 함께 레인지후드를 사용하면 주방의 미세먼지 농도를 낮게 유지할 수 있습니다.

❸ **요리할 때 공기청정기를 꺼둡니다.** 요리로 인해 미세먼지가 많이 발생한 상황에서 공기청정기를 켜두면, 기름 입자 등이

공기청정기 필터를 막아서 수명이 단축되고 냄새가 날 수 있습니다. 가스레인지로 요리를 하는 동안에는 공기청정기를 꺼 두고, 요리가 끝난 후에 충분히 환기하고 나서 다시 가동하는 것이 바람직합니다.

3. 옷

　　C씨는 새로 옷을 구입했을 때 귀찮아서 세탁하지 않고 바로 입곤 합니다. 최근 운동을 위해 트레이닝 복을 새로 사서 입었는데, 자꾸만 간지러워 옷을 벗고 봤더니 허벅지 안쪽이 빨갛게 부어 있어서 깜짝 놀랐습니다.

　　우리가 깨어 있는 동안 피부에 가장 많은 시간 접촉하는 제품은 옷일 것입니다. 그렇기 때문에 옷은 유해물질이 인체에 노출될 위험이 가장 큰 제품이라고 할 수 있습니다. 제품을 생산하면서 잔류된 유해물질 외에도 세탁, 보관 및 사용하는 과정에서 쉽게 유해물질이 부착될 수 있습니다.

　　옷에는 발암물질인 폼알데하이드가 포함되어 있을 수 있습니다. 옷의 주름과 곰팡이 생성을 막는 기능을 하기 때문입니다. 폼알데하이드는 피부 접촉을 통해 가려움증은 물론, 기침, 메스꺼움 등을 유발할 수 있어 주의해야 합니다. 특히 옷을 선택하는 과정에서도 비교적 화학 냄새가 덜한 제품을 구매하고 사용하는 노력이 필요합니다.

　　또한 옷만큼 다양한 색상을 가지고 있는 제품은 없을 것입니다. 이러한 색상을 만들기 위해 사용되는 염료에는 알레르기성 분산 염료와 납이 포함되어 있을 수 있습니다. 특히 알레르기성 분산 염료는 새 옷을 세탁하지 않고 입을 때 느끼는 가려움과 염증 등 알레르기 반응의 주요 원인이 됩니다.

이 밖에 옷에 부착된 금속 장신구도 니켈 도금에 따른 피부 알레르기를 일으킬 수 있으므로 주의가 필요합니다.

세탁 세제와 섬유 유연제를 많이 사용하거나 드라이클리닝을 맡길 때, 옷에 유해물질이 잔류할 가능성이 큽니다. 특히 드라이클리닝을 할 때에는 주로 물 대신 유기용제를 사용하며, 이 과정에서 테트라클로로에틸렌 또는 벤젠이 쓰일 수 있습니다. 테트라클로로에틸렌과 벤젠은 피부에 자극적일 수도 있고, 인체에 암을 유발할 가능성이 있기 때문에 드라이클리닝한 옷은 바로 입지 말고 환기 등을 거쳐 일정 시간이 지난 후에 입어야 합니다.

또한 옷을 보관하고 착용하는 과정에서 진드기, 미세먼지 등 인체에 유해한 물질이 부착되기 쉬우므로 주의가 필요합니다.

• 옷 유해물질 목록 •

구 분	유 해 물 질
천연섬유 옷 (면, 모시, 울, 실크, 모헤어 등)	폼알데하이드, 잔류 농약
합성섬유 옷 (폴리에스터, 폴리아마이드 등)	폼알데하이드, 중금속(납), 알레르기성 분산 염료, 아크릴로 니트릴
옷 금속 장신구	니켈, 중금속(카드뮴)
드라이클리닝한 옷	테트라클로로에틸렌, 벤젠

❶ 새 옷은 반드시 세탁 후 입습니다. 옷에는 다양한 화학물질이 염료로 사용되며, 이러한 염료가 가려움과 염증 등 알레르기 반응을 일으킬 수 있습니다. 새 옷을 살 경우에는 되도록 화학 냄새가 적은 옷을 구매하도록 하며, 옷의 재질에 따라 첨가된 화학물질이 피부에 어떤 영향을 미칠지 잘 따져봐야 합니다. 특히 새 옷에서 화학 냄새가 날 때에는 세탁 후 일광 소독을 통해 폼알데하이드 등 유해물질을 많이 배출시키는 것이 좋습니다. 또한 가구 안에서 오래 보관한 옷은 진드기가 있을 가능성이 크기 때문에 세탁하여 햇볕에 말린 후에 입는 것이 바람직합니다.

❷ 드라이클리닝 제품보다는 되도록 손세탁이 가능한 옷을 구매합니다. 드라이클리닝 제품은 옷에 묻은 오염물질을 제거할 수는 있지만, 세탁에 사용된 유기용제의 독성은 남아 있으므로 주의가 필요합니다. 특히 아이에게는 드라이클리닝 제품보다는 손세탁이 가능한 옷을 입히는 것이 좋으며, 임산부 역시 태아에 해로운 영향을 미칠 수 있기 때문에 드라이클리닝 제품 착용이나 세탁소 출입을 자제하는 것이 좋습니다. 또한 드라이

클리닝한 옷을 바로 입으면 옷에 남아 있는 화학 성분이 방출되어 호흡이나 피부 접촉를 통해 인체에 흡수될 수 있기 때문에 좋지 않습니다. 드라이클리닝한 옷을 찾아오면 비닐 포장을 벗기고 최소 1시간 이상 밖에 널어두어 유해물질이 충분히 휘발될 수 있도록 합니다. 특히 여름에 드라이클리닝한 옷을 밀폐된 차에 보관하지 않도록 해야 합니다.

❸ 외출 후 실내에 들어오기 전 겉옷을 밖에서 털고 들어옵니다. 야외 활동으로 인해 평소 입고 다니는 옷에 인체에 유해한 영향을 미치는 화학물질이 옮겨질 수 있습니다. 특히 미세먼지와 황사가 심할 때는 중금속 등 유해물질을 함유한 먼지가 옷에 잔류할 가능성이 크기 때문에 반드시 밖에서 옷을 털거나 바로 세척해야 합니다. 니트 소재는 정전기가 발생해 주변의 먼지를 끌어 모으기도 해서 호흡기 질환이 있을 때에는 피하는 것이 바람직합니다.

❹ 아토피피부염 등 피부 질환이 있는 아이에게는 되도록 면으로 된 제품을 입힙니다. 아이의 옷은 세탁 세제가 제거되도록 2회 이상 헹구는 것이 좋습니다. 또한 옷을 헐렁하게 입히고, 몸을 조이는 옷은 입히지 않도록 합니다.

4. 침구류

D씨는 몸에 벌레 물린 자국이 있고 심한 곳은 두드러기가 난 걸 발견하고 병원을 찾아갔습니다. 진료 결과, 이불 진드기 증상 같다고 했습니다. 평소 이불을 자주 세탁하는 편인 D씨는 적지 않은 충격을 받았습니다.

침구류는 잠을 자는 데 사용하는 이불 및 요, 베개, 침구 커버 등을 말합니다. 침구류는 하루 중 3분의 1 정도의 장시간을 지속해서 접촉하여 사용하는 제품인 만큼 유해물질의 노출 가능성이 높습니다. 제품 자체가 배출하는 유해물질도 위험하지만, 사용 과정에서 진드기, 세균, 곰팡이 등 아토피피부염의 유발 물질이 생기기 때문에 올바른 제품 사용 방법을 익히는 것이 중요합니다.

무엇보다 사람의 몸에서 나오는 각질, 비듬, 머리카락으로 인해 침구류에서 먼지 진드기가 번식할 수 있습니다. 먼지 진드기 몸체 일부의 단백질과 배설물은 진드기의 단백질에 예민한 사람에게는 알레르기 반응을 유발할 수 있으며, 심할 때에는 천식을 유발할 수 있습니다.

또한 PE·면 혼합 소재 또는 PP 가공 처리된 면 소재 침구 시트는 폼알데하이드를 방출하는 수지로 코팅될 수 있습니다. 폼알데하이드는 알레르기와 천식뿐만 아니라 불면증을 유발할 수 있기 때문에, 순면 소재가 아닌 침구류는 반드시 세척 및 일광 건조 후 사용해야 합니다.

베개는 충전재인 폼에서 내분비계 장애 물질*로 추정되는 브롬화난연제인 PBDEs와 폐암을 유발하는 라돈이 검출된 바 있으며, 겨울에 사용하는 전기장판에서는 중금속(납, 카드뮴)과 프탈레이트가 기준치 이상으로 검출되는 사례가 매년 발생하는 만큼, 리콜 여부 확인 등 제품 선택에 주의가 필요합니다.

• 침구류 유해물질 목록 •

구 분	유 해 물 질
베개	진드기, 폼알데하이드, PBDEs, 라돈, 1,4-다이옥세인
이불, 침구 커버	진드기, 폼알데하이드, 라돈
전기장판	프탈레이트, 중금속(납, 카드뮴), 라돈

---

*내분비계 장애 물질 : 내분비계의 정상적인 기능을 방해하는 화학물질로서, 환경에 배출된 화학물질이 마치 인체 내 호르몬처럼 작용한다 하여 환경호르몬이라고 부른다. 일반적으로 인체에 들어가서 인체 내 호르몬의 합성, 저장, 분비, 이동, 정화 기능에 장애를 야기하는 것으로 알려져 있다. 쉽게 분해되지 않고 화학적으로 안정적이서 환경 및 생체 내에 오랫동안 잔류하고, 다량이 흡입될 경우 인체에 축적되는 등 상당히 위험한 물질이다.

❶ 정기적으로 세탁을 하고, 자주 햇볕에 말립니다. 눈, 코, 입과 직접적으로 접촉하는 제품인 베개는 1주일에 한 번씩, 이불 및 요, 침구 커버는 최소 2주일에 한 번씩은 정기적으로 세탁을 하는 것이 좋습니다. 특히 실내 습기가 높거나 수면 후 피부 가려움증이 있으면 55℃ 이상의 뜨거운 물에 세탁하도록 합니다. 또한 진드기 제거는 일광 소독이 가장 효과적이며, 평소 낮에 침구류를 베란다에 널어 햇볕에 말리는 것을 추천합니다.

❷ 침구류가 있는 방은 피부와 위생을 위해 항상 적절한 습도를 유지합니다. 실내 습도가 너무 높으면 침구류에 진드기, 곰팡이, 세균이 잘 번식하여 알레르기 질환의 위험성이 높습니다. 그렇다고 너무 건조하면 피부에 좋지 않으므로 방의 습도를 40~60% 정도로 유지합니다. 가습기 및 제습기 사용과 더불어, 실내 습도를 낮춰주거나(제습제 사용, 숯 비치 등) 높여주는 (젖은 빨래 널기, 미니수족관 설치 등) 방법을 고루 사용하면 좋습니다.

❸ 아름다운 디자인과 색상도 중요하지만, 소재의 기능성과 자연

친화성을 잘 따져보고 선택합니다. 침구류는 합성섬유 재질의 제품보다는 되도록 세척이 쉬운 천연 순면 소재를 사용하는 것을 추천합니다. 합성수지 재질의 제품을 사용하더라도 부서진 가루가 자주 묻어 나오면 빨리 교체해야 합니다. 또한 제품 고유의 냄새가 강한 것은 구매하지 않아야 하며, 혼합 소재일 때에는 "폼알데하이드 무첨가"라고 기재된 제품을 구매하는 것이 바람직합니다. 특히 전기장판은 되도록 피부에 직접 닿지 않게 얇은 이불을 위에 얹고 사용하는 것이 좋습니다.

❹ **새 침구류는 반드시 한 번 세탁한 후에 사용합니다.** 제품의 포장 및 유통 과정에서 잔류된 유해물질이나 합성섬유 재질에 포함된 폼알데하이드 등 유해물질 노출을 현저히 줄일 수 있습니다.

〈참고〉 아토피피부염 예방 · 관리 수칙(환경부)

1. 지속적인 노력과 관리

증상이 호전되었다고 치료를 중단하거나, 증상이 악화되었다고 치료를 포기하지 말고 지속적인 노력과 관리를 해나갑니다.

2. 피부 청결 유지

정기적인 보습비누 샤워를 하도록 합니다.

3. 피부에 적당한 수분 유지

욕조 목욕과 보습제 사용으로 피부를 항상 촉촉하게 유지합니다.

4. 피부 자극 금지

미지근한 물을 사용하며 되도록 때를 밀지 말고, 면으로 된 의복과 침구류를 사용합니다.

5. 친환경 제품 사용

가구 · 벽지 · 마감재 · 놀이기구 등은 친환경적인 것을 사용하고, 환기를 자주 하여 실내 오염물질을 최소화합니다.

6. 철저한 실내 위생 관리

청소를 자주 하고, 실내 습도를 50% 정도로 유지하도록 합니다.

7. 집먼지 진드기 등 관리

화학섬유 또는 모직의 양탄자 · 소파 · 침대매트리스 · 담요와 커튼을 청결하게 유지합니다.

8. 정확한 식품 관리

식품의 제한은 정확한 확인 과정 및 전문가 상담을 통해 결정합니다.

9. 검증된 관리법만을 사용

검증되지 않은 무분별한 방법으로 치료하는 것은 증상을 악화시킬 수 있으므로 반드시 검증된 관리법만 사용해야 합니다.

10. 정기적인 전문가 진료

상황에 맞는 효과적인 치료를 위해 정기적으로 전문의의 상담과 진료를 받습니다.

5. 세탁 세제 · 섬유 유연제

E씨는 세탁 후 아이 옷에 세제가 남을까봐 주변의 추천을 받아 해외에서 유명한 유아 전용 세탁 세제를 구매했습니다. 하지만 사용 후 1개월도 지나지 않아 아이가 피부 가려움증으로 고생하여 사용을 중단했습니다.

세탁 세제와 섬유 유연제는 세탁 후 옷 및 침구류 등 표면에 성분이 남아 피부에 지속적으로 접촉될 수 있습니다. 특히 섬유 유연제는 세탁의 헹굼 과정에서 옷 및 침구류 표면에 섬유유연 성분을 흡착시키는 것이기 때문에, 잔류된 유연제로 인해 피부 자극을 일으킬 위험이 더욱 큽니다.

세탁 세제는 크게 물과 대상 물체 표면 사이의 경계면에 작용하여 오염 물질을 제거하는 계면활성제와 세척 강화제, 옷을 희게 하는 형광 발광제, 표백제 및 방향 물질 등 화학물질로 구성됩니다. 이 중 계면활성제는 세정 성능에 꼭 필요한 요소이지만, 주로 사용되는 알킬페놀에톡실레이트가 사용 후 분해되는 과정에서 내분비계 장애 물질인 알킬페놀류를 생성하여 문제가 됩니다. 알킬페놀류는 호르몬 작용을 방해하여 생식과 발달의 장애를 불러오는 물질입니다. 이러한 물질이 세탁된 옷 및 침구류 등에 남는다면 피부염과 알레르기를 일으킬 수 있습니다. 또한 피부의 두께가 두꺼운 성인 남성보다는 상대적으로 여성이나 유아에게 더 큰 문제가 될 수 있습니다. 제품을 선택할 때는 되도록 알킬페놀에톡실레이트가 포함되어 있지 않은지 확인하고 구매하는 것이 바람직합니다.

섬유 유연제는 향이 중요한 구매 요소이다 보니, 최근 다양한 향료가 사용되고 있습니다. 하지만 이러한 향료는 옷이나 침구류 등에 잔류하여 피부를 자극하는 주요 원인이 될 수 있어 안전한 향료 성분이 사용되었는지 확인하고 구매할 필요가 있습니다.

• 세탁 세제 · 섬유 유연제 유해물질 목록 •

구 분	유 해 물 질
세탁 세제	알킬페놀류, 벤젠, 중금속(비소), 테트라클로로에틸렌, CMIT/MIT, 붕산
섬유 유연제	중금속(납, 카드뮴, 수은, 비소), 폼알데하이드, 파라벤류, 트리클로산, CMIT/MIT

❶ **제품에 표기된 적정 사용량을 사용합니다.** 제품 표면에 빨래의 중량별 적정 사용량이 기재되어 있습니다. 권고된 사용량 이상을 사용한다고 해서 세척력에 더 큰 효과를 볼 수 없을 뿐 아니라, 잔류 노출로 인해 위험성만 커질 수 있습니다. 세탁 세제와 섬유 유연제는 무엇보다 헹굼이 중요하므로, 아이가 사용하는 옷과 침구류는 되도록 1회 세척(헹굼 1회 포함) 후 헹굼 기능을 1회 더 사용하여 화학물질이 잔류되지 않도록 합니다.

❷ **제품이 휘발하지 않도록 뚜껑을 단단히 밀봉해서 보관합니다.** 시중 제품에 유아 전용 세제라고 표기되어 판매되지만, 사실 국가에서는 일반 성인 세제와 동일한 기준을 적용하여 관리하고 있어 안전성 측면에서 큰 차이를 확신할 수 없습니다. 세탁 세제와 섬유 유연제는 환기가 잘되는 장소에서 사용하는 것이 좋으며, 아이들이 사용하지 못하도록 주의해야 합니다. 성인도 장갑을 착용하여 사용하고, 손에 묻었을 때에는 즉시 손을 씻도록 합니다.

❸ **수건 또는 행주를 삶을 때 세탁 세제를 넣고 삶지 않습니다.** 세탁 세제는 일상적으로 사용되는 찬물을 기준으로 세척력을 비롯한 여러 성능을 평가한 후 판매됩니다. 세탁기를 통해 사용하면 문제가 발생하지 않겠지만, 삶는 과정에서 공기 중으로 증발되어 호흡을 통해 몸으로 들어올 경우 여러 화학물질로 구성되어 있는 만큼 몸에 해로울 가능성이 있습니다. 삶을 수 있다고 표시되어 있지 않다면 정해진 용법에 맞게 사용하는 것이 좋습니다.

❹ **안전확인대상생활화학제품 표시를 꼭 확인하고 구매합니다.**
세탁 세제와 섬유 유연제는 안전확인대상생활화학제품으로, 유해물질 성분 등을 확인받은 후 관련 사항을 표기해야만 판매가 가능한 제품입니다. 해당 표시가 있는 제품은 표기된 권장 사항(표준 사용량, 사용 방법, 사용상 주의 사항 등)을 준수하기만 한다면 안전하게 사용할 수 있습니다. 인터넷을 통해 해외 제품을 직접 배송 또는 구매 대행으로 구매할 때에도 되도록 정식으로 수입되어 안전확인대상생활화학제품 기준에 따라 확인·표시된 제품인지 확인하도록 합니다. 생활화학제품과 관련된 성분 사용 규제 면에서 우리나라가 외국에 비해 높은 기준을 가지고 있기 때문에, 정식 수입 제품이 아닌 경우에는 국

내에서 금지하고 있는 물질이 포함될 위험이 있습니다.

• 안전확인대상생활화학제품 표시 •

표 시	설 명
	안전확인대상생활화학제품이 안전 기준을 준수한 것임을 확인할 수 있는 표시입니다.

6. 세정제

F씨는 욕실과 화장실 냄새가 심해서 욕실 세정제와 함께 락스를 많이 사용하여 청소를 했습니다. 청소 중에 눈이 따갑고 눈물이 나며 어지럽고 메스꺼운 증상이 있어 급하게 환기를 시켰지만, 몇 시간이 지나도 증상이 나아지지 않았습니다.

세정제는 물체에 묻은 때와 이물질을 닦는 제품으로, 주로 욕실이나 자동차를 청소하기 위한 용도로 가정에서 많이 사용하고 있습니다. 하지만 세정제는 살균제와 더불어, 여러 화학물질로 구성되어 있어 일반 가정에서 제품의 안전성 문제가 빈번히 발생하는 제품 중 하나입니다. 또한 국내 제품의 안전성 문제로 인해 해외 제품을 구매하는 소비자가 많지만, 오히려 국내에서 사용 금지된 가습기 살균제 건강피해 물질인 CMIT/MIT가 검출되는 등 사용에 많은 주의가 필요한 제품입니다.

세정제 성분에는 천식 등 알레르기 질환을 유발하는 폼알데하이드가 보존 및 살균 목적으로 포함될 수 있습니다. 또한 분사형 제품이 많은 만큼 호흡을 통해 직접 흡입될 가능성이 높아 사용하는 과정에 주의가 필요합니다.

일부 해외 제품에 포함되어 있는 CMIT/MIT는 피부 및 안구 자극성이 심하며, 흡입 시 호흡기 중에서 최초로 접촉되는 코 부분의 염증을 일으켜 비염 증상을 유발할 수 있습니다. 또한 가습기 살균제 건강피해 물질로 규정된 만큼 폐 질환을 유발하는 심각한 유해물질로 볼 수 있습니다.

• 세정제 유해물질 목록 •

구 분	유 해 물 질
욕실용 세정제	폼알데하이드, 벤젠, 프로필렌글리콜, 메탄올, 자일렌, CMIT/MIT, 클로로벤젠, 리모넨
자동차용 세정제	폼알데하이드, 벤젠, 메탄올, CMIT/MIT, 클로로벤젠, 자일렌

❶ **세정제를 다른 세정제와 혼합하여 사용하지 않습니다.** 세정제 끼리 혼합하여 사용할 때에 인체에 치명적인 유해물질이 부산물로 발생할 가능성이 있기 때문에 주의해야 합니다. 특히 산성계인 욕실 세정제와 염소계 표백제인 락스를 함께 사용하면, 화학 반응으로 인체에 치명적인 염소 가스가 발생하기 때문에 절대 함께 사용해서는 안 됩니다. 또한 욕실을 청소할 때에는 되도록 문을 열거나 환풍기를 켜서 공기가 잘 통하도록 해야 하며, 기침이 나거나 어지러우면 곧바로 바깥 공기를 쐬는 것이 좋습니다.

❷ **반드시 고무장갑이나 비닐장갑을 착용하고 사용합니다.** 제품에 '주의'나 '위험' 표시가 되어 있어도 안전사고가 많이 발생하는 제품인 만큼, 세정제를 사용할 때에는 주의 사항을 반드시 숙지해야 합니다. 피부에 묻지 않도록 장갑을 착용하고 사용하는 것이 좋으며, 손에 묻었을 때에는 반드시 손을 씻도록 합니다. 분사형 제품의 경우, 분무 시에 눈에 들어갈 위험이 있으므로 높은 곳을 향해 뿌리지 않도록 주의해야 합니다. 특히 아이가 만지지 않도록 분무구를 잠금 상태로 해두고 안전한

장소에 보관해야 합니다.

❸ 해외 제품은 성분 표시를 꼭 확인하고 구매합니다. 해외 제품에는 국내에서 사용이 금지된 성분이 포함될 수 있어 제품의 성분명을 꼭 확인하고 구매해야 합니다. 문제가 되고 있는 유해물질(CMIT/MIT 등)을 영문명으로 미리 숙지하여 제품을 구매할 때 꼼꼼히 성분을 살펴볼 필요가 있습니다. 유럽 제품은 성분명과 주의 표시를 표기하도록 하고 있으나, 미국과 일본 제품은 관련 규정이 없어 특히 주의가 필요합니다.

❹ 안전확인대상생활화학제품 표시를 꼭 확인하고 구매합니다. 세정제는 안전확인대상생활화학제품으로, 유해물질 성분 등을 확인받은 후 관련 사항을 표기해야만 판매가 가능한 제품입니다. 인터넷을 통해 해외 제품을 직접 배송 또는 구매 대행으로 구매할 때에도 되도록 정식으로 수입되어 안전확인대상생활화학제품 기준에 따라 확인·표시된 제품을 구매하는 것이 바람직합니다.

7. 방향제 · 향초

G씨는 스프레이형 방향제를 사용한 후 눈에 이물감이 느껴지고 시야가 뿌옇게 보여 병원 치료를 받은 적이 있습니다.

H씨는 아이가 스프레이형 방향제를 가지고 놀다가 입구 부위를 핥은 뒤 구토를 해서 크게 놀란 경험이 있습니다.

방향제는 가정, 자동차, 사무실 등 실내에서 지속적으로 좋은 향을 내거나 나쁜 냄새를 제거할 목적으로 누구나 한번쯤은 사용해본 경험이 있을 것입니다. 하지만 방향제와 향초(방향용 초)의 경우 소비자들이 밀폐된 공간에서 사용하는 경향이 크기 때문에 호흡기계 영향 위험이 더 클 수 있으며, 최근 알레르기를 유발할 수 있는 물질이 다량 검출된 것이 확인되면서 사용에 주의가 필요합니다.

우선 방향제와 향초 모두 알레르기와 천식을 유발하는 폼알데하이드가 방출될 수 있습니다. 가구, 침구류 등 다른 제품에 비해 제품 속의 폼알데하이드 농도가 적을지라도, 분사형의 경우에는 호흡을 통해 직접적으로 흡입될 가능성이 크기 때문에 제품의 유해성은 더 높을 수 있습니다.

또한 두 제품 모두 반복적으로 흡입할 경우 결막염, 두통, 현기증, 설사, 구토, 호흡곤란 등을 유발하는 메탄올이 방출될 수 있습니다. 호흡을 통한 직접적 인체 흡입과 더불어 아이에게 치명적인 알레르기와 천식을 유발할 가능성이 있기 때문에, 아이가 있는 가정에서는 되도록 두 제품의 사용을 자제하도록 합니다. 꼭 필요한 경우에는 반드시 성인의 지도에 따라 창문을 열어 환기가 잘 이루어지는 상태에서 사용하도록 하며, 평상시에는 아이의 손에 닿지 않도록 보관에 주의해야 합니다.

• 방향제 · 향초 유해물질 목록 •

구 분	유 해 물 질
방향제	폼알데하이드, 아세트알데하이드, 메탄올, 프탈레이트 (DEHP), 글리옥살
향초	폼알데하이드, 글리옥살, 메탄올, 납, 리모넨

❶ **구매 시 제품 성분 표시를 꼭 확인하고, 사용할 때는 주의 사항을 반드시 지킵니다.** 건강한 성인이 적절한 용량·용법을 준수하여 사용한다면 심각한 건강 문제가 발생할 가능성이 낮습니다. 하지만 사용되는 향료의 종류, 개인의 민감도 등에 따라 천식, 알레르기, 비염 등의 질환을 유발할 수 있기 때문에 표기된 권장 사항(표준 사용량, 사용 방법, 사용상 주의 사항)을 반드시 준수해야 합니다. 무엇보다 사용 부주의로 인한 안전사고가 많은 만큼 아이가 만지지 않도록 분무구를 잠금 상태로 두고 안전한 장소에 보관해야 합니다.

❷ **밀폐된 공간에서 사용하지 않습니다.** 제품 성능상 호흡을 통해 유해물질이 흡입될 가능성이 크기 때문에, 밀폐된 공간에서 장시간 노출을 삼가야 합니다. 실내에서 사용 시에는 창문을 열거나 주기적으로 환기하는 것이 중요합니다.

❸ **자동차에서는 방향제 사용 대신 주기적인 환기와 차량 청소로 좋은 공기를 유지합니다.** 자동차는 좁고 밀폐되어 있기 때문에 유해물질 흡입이 더 쉬울 수 있습니다. 무엇보다 운전자가

밀폐된 공간에서 장시간 방향제의 향에 노출되면 눈이나 목을 자극해 운전 자체가 위험할 수 있으므로 자동차 안에서는 되도록 사용하지 않는 것이 좋습니다.

❹ 안전확인대상생활화학제품 표시를 꼭 확인하고 구매합니다.
방향제(탈취제 포함)와 향초(방향용 초)는 안전확인대상생활화학제품으로, 정부에 유해물질 성분 여부 등을 확인받은 후 관련 사항을 표기해야만 판매가 가능한 제품입니다. 특히 수입 제품은 정식으로 수입되어 안전확인대상생활화학제품 기준에 따라 확인·표시된 제품을 구매하는 것이 좋습니다.

8. 자동차

I씨는 지난달 차를 새로 구입하여 가족과 함께 여름휴가를 떠났습니다. 날씨가 더워 창문을 닫고 냉방을 한 채 운행을 했는데, 1시간 정도 달렸을까 I씨는 갑자기 메스꺼움과 구토 증세를 느껴 운전을 계속 할 수 없었습니다.

자동차는 본체, 창문, 타이어, 핸들, 시트, 엔진 등 모든 부품이 철, 알루미늄, 플라스틱, 유리, 고무, 페인트 등으로 만들어져 있기 때문에 많은 화학물질이 포함되어 있습니다. 게다가 공간이 밀폐되어 있기 때문에, 유해물질이 방출되었을 때에는 새차증후군과 같은 증세를 일으키게 되어 나쁜 영향을 줄 수 있습니다.

우선 자동차 부품에는 납, 수은, 크롬, 카드뮴 등 중금속과 난연제 등 유해물질이 함유되어 있을 수 있습니다. 중금속에 중독되면 식욕 부진, 근육 약화, 호흡곤란 등이 발생하거나, 심할 경우 암을 유발할 수 있습니다.

또한 자동차를 이용할 때에 연료 탱크에서 새어 나오는 증기로 벤젠에 노출될 수 있습니다. 벤젠은 신경 독성 물질로 고농도 노출 시에는 졸음, 현기증, 두통을 유발하여 운전자의 운행을 방해할 수 있습니다. 그리고 겨울철에 밀폐된 지하 주차장에서 시동을 걸어 오랜 시간 공회전을 하면 자동차 내로 벤젠이 유입될 수 있으므로 주의해야 합니다. 자동차의 주유 과정에서 휘발유 증기를 통해서도 벤젠이 흡입될 수 있으므로, 주유소에서는 되도록 자동차 창문을 닫아야 합니다.

• 자동차 유해물질 목록 •

구 분	유 해 물 질
자동차	벤젠, 폼알데하이드, 휘발성 유기화합물, 자일렌, 중금속
지하 주차장	라돈, 휘발성 유기화합물, 자일렌
주유소	벤젠, 톨루엔, 휘발성 유기화합물

❶ **새 차를 구매한 후 3개월 동안은 새차증후군을 없애기 위해 노력합니다.** 자동차 내장재에는 다양한 플라스틱 제품과 이들을 연결하기 위한 접착제가 포함되기 때문에 휘발성 유기화합물 등 유해물질이 초기에 많이 방출될 수 있습니다. 자동차를 새로 샀을 때 더 깔끔하다는 이유로 내장재 및 시트에 붙어 있는 포장이나 비닐을 제거하지 않고 사용하면 유해물질의 영향이 더 치명적일 수 있습니다. 새 차를 구매한 후에는 차량 내부의 비닐 커버를 바로 제거하고, 창문을 닫아 햇볕에 최소 3일 이상 놔둔 뒤에 환기를 하면 방출되는 유해물질을 현저히 줄일 수 있습니다.

❷ **자동차를 타기 전과 주행 중에도 수시로 환기를 합니다.** 차를 타기 전과 주행 중에 유리창을 열어두는 것이 좋습니다. 또한 공조 시스템을 외부 공기 유입 모드에 맞춰두면 환기 효과가 커집니다. 다만 환기는 되도록 통행량이 적은 지역에서만 하도록 합니다. 차량이 많거나 미세먼지 농도가 높은 날에는 되도록 자동차의 공조 시스템을 내부 공기 순환 모드로 맞춰두어 외부 공기가 유입되지 않도록 해야 합니다. 또한 에어컨과 히

터 필터는 주기적으로 교체하되, 아이가 타는 자동차는 초미세 먼지를 거를 수 있는 필터로 교체 설치하는 것이 좋습니다.

❸ **자동차 내부의 온도를 23~24℃로 유지합니다.** 여름철 자동차 내 온도가 올라갈 때는 유해물질 방출량이 평소보다 8배까지 증가한다고 합니다. 여름에는 주기적인 에어컨 필터 교체 및 청소를 통해 자동차 내부의 적정 온도를 유지하는 것이 좋습니다. 또한 주차 중에 창문을 조금씩 열어 꾸준히 환기하고 되도록 그늘에 주차하도록 합니다.

❹ **주유소에서는 자동차 창문과 문을 꼭 닫습니다.** 최근 셀프 주유소가 많이 생기면서 운전자가 직접 주유하는 경우가 많아졌습니다. 하지만 주유소는 휘발유 증기로 인해 벤젠, 톨루엔, 자일렌 등 휘발성 유해물질의 노출이 많은 곳입니다. 주유소에 있는 시간을 최대한 줄이고, 이용하는 과정에서는 자동차 창문과 문을 닫아 유해물질이 자동차 안으로 들어오지 못하도록 해야 합니다.

❺ **지하 주차장에 아이를 오래 두지 않도록 합니다.** 지하 주차장에서는 자동차 시동 및 운행에 따른 벤젠 등 각종 유해물질이

고농도로 배출되지만, 밀폐된 공간으로 인해 쉽게 제거되지 않고 공기 중에 잔류할 가능성이 큽니다. 애초에 지하는 건축물에서 폐암 유발 물질인 라돈의 농도가 가장 높은 공간이기 때문에, 특히 호흡기 계통이 약한 아이는 지하 주차장에 오래 있지 않도록 주의해야 합니다. 아이는 되도록 지상에서 탑승시키는 것이 바람직합니다.

〈참고〉 환경과 경제를 살리는 친환경 운전 10가지 약속
(환경부)

1. 경제속도(60~80km/h) 준수하기
2. 3급(급출발, 급가속, 급감속) 하지 않기
3. 불필요한 공회전은 이제 그만!
4. 신호 대기시 기어는 중립으로
5. 주행 중 에어컨 사용 줄이기
6. 자동차를 가볍게! 트렁크 비우기
7. 정보 운전을 생활화
8. 언덕 길에서는 관성 운전
9. 주기적으로 자동차를 점검 · 정비하는 센스!
10. 유사 연료, 무인증 첨가제는 사용하지 않기

9. 보건용 마스크

J씨는 미세먼지와 전염병 감염을 차단한다는 광고 문구에 시세보다 저렴한 마스크를 온라인으로 대량 주문했습니다. 하지만 실제 받아보니 차단 성능이 검증되지 않은 공산품 마스크였습니다.

보건용 마스크는 마스크 내 설치된 특수한 필터를 통해 외부에서 유입되는 세균을 차단하여, 공기 중 이물질의 흡입이나 질병의 감염으로 인체가 위해를 입지 않도록 방지하는 역할을 합니다. 최근 미세먼지의 발생이 잦아지고, 유행성 전염병 확산 등으로 실생활에서 많은 사람들이 보건용 마스크를 사용하고 있습니다. 현재 판매되고 있는 보건용 마스크의 종류는 이물질(작은 먼지)을 차단하는 정도에 따라 크게 3개의 등급으로 구분됩니다.

· 마스크의 등급 및 기준 ·

등급	분진포집효율	안면부 흡기저항	누설률
KF80	80 % 이상	60 Pa 이하	25.0 % 이하
KF94	94 % 이상	70 Pa 이하	11.0 % 이하
KF99	99 % 이상	100 Pa 이하	5.0 % 이하

(출처: 식품의약품안전평가원 www.nifds.go.kr)

　보건용 마스크는 KF(Korea Filter) 수치가 높을수록 분진포집 효율*이 높고 누설률**이 적어 착용 과정에서 이물질의 흡입이 더 적을 수 있습니다. 하지만 상대적으로 안면부 흡기저항이 커져 숨쉬기가 어렵거나 불편할 수 있으므로 무조건 높은 등급의 제품을 선택하기보다는 개인별 건강 상태(호흡량 등) 및 활동 정도, 미세먼지 발생 수준 등을 고려하여 적당한 제품을 선택하는 것이 중요합니다.

　또한 보건용 마스크는 국가에서 의약외품으로 지정하여 관리하고 있으므로, 의약외품 표시가 있는지 반드시 확인하고 구매하는 습관이 필요합니다.

---

*분진포집효율 : 공기를 들이마실 때에 작은 먼지를 걸러주는 비율.
**누설률 : 마스크를 쓰고 활동할 때 공기가 새는 정도.

❶ **손으로 보건용 마스크의 면을 만지지 않습니다.** 보건용 마스크의 면을 자주 만지게 되면 필터에 손상을 줄 수 있으며, 손에 묻은 세균이 이동하는 등 마스크가 오염될 수 있습니다. 마스크 착용 전에는 되도록 흐르는 물에 비누로 손을 씻도록 하며, 벗을 때에도 끈만 잡고 벗기는 습관을 가져야 합니다. 특히 마스크 안쪽은 입김 등 분비물과, 마스크를 쓰고 벗으면서 노출된 오염원이 섞여 오염될 가능성이 높습니다. 오염된 마스크를 착용하면 또 다른 감염이나 피부염이 발생할 수 있기 때문에 즉시 사용을 중지하고, 새로운 제품으로 교체해야 합니다.

❷ **본인에게 잘 맞는 크기와 기능을 가진 제품을 선택합니다.** 무엇보다 보건용 마스크가 얼굴에 잘 밀착되지 않으면 틈새로 공기가 들어와서 이물질의 흡입 및 질병의 감염 등에 대한 보호 성능이 떨어질 수 있습니다. 시중에 판매되고 있는 보건용 마스크의 크기는 마스크의 세로 길이(코 위의 점부터 턱 밑의 점까지)를 뜻하며, 크기에 따라 특대형, 대형, 중형, 소형으로 구분됩니다. 외부로부터 이물질의 흡입을 줄이기 위해서는 본인의 얼굴에 잘 맞는 크기의 제품을 선택하는 것이 중요하며, 공기

가 새지 않도록 밀착해서 착용해야 합니다. 또한 전염병 예방을 위해 통상적으로 의료인이 사용하는 KF94 등급 이상의 마스크를 권고하고 있지만, KF 수치가 높아질수록 호흡 기능이 떨어질 수 있기 때문에 본인의 건강 상태와 활동 정도 등을 고려하여 적당한 제품을 선택합니다. 특히 호흡기가 약한 아이나 임산부는 되도록 의사와 상담 후 본인에게 맞는 등급의 제품을 선택하는 것이 좋습니다.

· 마스크의 크기 기준 ·

구분	세로 길이
특대형	171 mm 이상
대형	150 ~ 170 mm
중형	136 ~ 149 mm
소형	135 mm 이하

(출처: 식품의약품안전평가원 www.nifds.go.kr)

❸ **제품의 사용법과 주의 사항을 반드시 지킵니다.** 보건용 마스크를 재사용하기 위해 물로 세탁하거나 헤어드라이기를 이용해 건조하면, 정전기 방식의 마스크 필터에 손상을 줄 수 있습니다. 또한 보건용 마스크에 휴지나 천을 덧대서 사용할 때에도 얼굴과 마스크 사이에 틈이 생겨 세균 차단 성능이 떨어질 수 있습니다. 그러므로 제품 포장에 기재된 사용법과 주의 사항을 꼼꼼히 읽고 지켜야 합니다.

10. 손 소독제

K씨는 최근 유행하는 전염병 때문에 외출 시 휴대용 손 소독제를 가지고 다니며 아이에게 수시로 발라주었습니다. 그래서인지 아이가 처음에는 손이 좀 가렵다고 하다가 점차 피부 발진 증상이 생겨서 병원을 방문한 경험이 있습니다.

손은 생활 속에서 많은 제품을 만지고 접촉하는 주된 경로로 여러 가지 유해물질 및 감염원이 묻어 있을 수 있기 때문에 평소 위생관리가 상당히 중요합니다. 특히 전염병 감염이나 식중독 예방을 위하여 손 소독 등 위생 관리에 대한 관심이 높아지면서, 손 소독제의 구매 수요가 급격히 증가하고 있습니다.

손 소독제는 손이나 피부의 살균 소독을 목적으로 사용하는 외용 소독제입니다. 손 소독제의 주성분은 에탄올, 이소프로필알코올 등 항균 효과를 나타내는 화학물질이며, 이러한 성분이 세균의 단백질을 변성시키고 지질을 변형시켜 기능을 상실하게 합니다. 손 소독제는 손 씻을 때 보조적으로 사용하는 손 세정제(화장품으로 관리)와는 다르게 국가에서 의약외품으로 관리하고 있으며, 허가된 제품에는 포장에 '의약외품'이라는 문구가 표시되어 있어 쉽게 구별하여 구매할 수 있습니다.

　무엇보다 손 소독제는 항균 효과를 내는 알코올이 주성분이기 때문에 사용 후 알코올 성분이 증발되면서 손의 수분과 유분을 빼앗습니다. 그래서 손 소독제를 지나치게 반복하여 사용하면 피부가 건조해질 수 있습니다. 피부가 약하고 민감한 아이나 임산부는 손을 씻기에 어려운 상황이 아니면 되도록 사용을 줄이도록 하며, 사용하더라도 손 소독제 내에 글리세린 등 보습 성분이 추가로 함유된 제품을 구매하는 것이 좋습니다.

• 손 소독제의 성분 •

구 분	성 분 물 질
주성분	에탄올, 이소프리폴알코올, 과산화수소, 염화벤잘코늄, 크레졸
보습 첨가 성분	글리세린, 프로필렌 글라이콜, 토코페롤 등

❶ **완전히 건조될 때까지 구석구석 문지릅니다.** 손 소독제를 사용할 때에는 최소 50원 동전 크기(0.5ml)만큼 덜어낸 뒤 손의 모든 표면에 손 소독제가 접촉될 수 있도록 펴 바릅니다. 손 소독제가 충분히 마를 때까지 손가락 끝과 손가락 사이사이를 꼼꼼히 문질러야 세균 제거 효과가 있습니다. 특히 전염병 감염 가능성이 높은 상황에서는 손뿐만 아니라 휴대폰, 열쇠 등 자주 만지는 물건도 손 소독제를 천에 덜어 자주 닦아주고, 되도록 손톱을 짧게 유지하는 것이 전염성 질환 예방에 도움이 됩니다.

❷ **눈, 구강 및 상처가 난 부위에는 사용하지 않습니다.** 이들 부위에 알코올이 주성분인 손 소독제가 닿을 경우 큰 자극을 줄 수 있습니다. 상처, 여드름, 홍반 등 피부 이상이 있는 부위나, 피부 질환 치료를 위해 스테로이드가 함유된 피부 외형제를 1개월 이상 사용한 부위에는 손 소독제를 사용하지 않도록 합니다. 특히 아이 등 피부가 민감한 사람들은 손의 건조와 자극을 최소화하기 위하여 손 소독제 사용 후 보습 성능이 있는 로션이나 크림을 덧발라주면 좋습니다.

❸ 물과 비누로 손을 자주 씻는 것이 세균 제거에 더 효과적입니다. 실제 질병관리본부·분당서울대병원의 〈손 씻기 관찰 및 실험조사〉(2019)에 따르면, 흐르는 물에 비누로 30초 이상 손을 씻을 경우 세균이 거의 사라진 것으로 확인되었습니다. 하지만 공중화장실에서 손을 씻은 천여 명 중 비누로 30초 이상 손을 씻은 사람은 단 2.0%였으며, 대다수가 전혀 손을 씻지 않거나(32.5%) 물로만 씻은(43.0%) 것으로 나타났습니다. 물로만 잠시 씻은 경우에는 상당수의 세균이 남아 있는 것으로 밝혀진 만큼, 평소 귀찮더라도 30초 이상 비누로 손 씻기를 실천하는 것이 중요합니다.

질병관리본부의 '30초 이상 올바른 손 씻기 6단계'

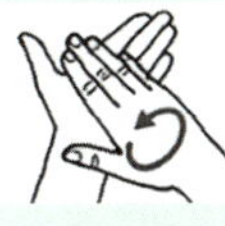

❶ 손바닥과 손바닥을 마주 대고 문질러주세요.

❹ 손가락을 마주잡고 문질러주세요.

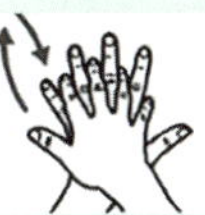

❷ 손등과 손바닥을 마주 대고 문질러주세요.

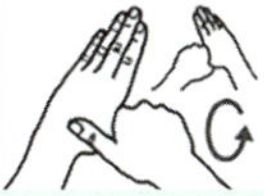

❺ 엄지손가락을 다른 편 손바닥으로 돌려주면서 문질러주세요.

❸ 손바닥을 마주 대고 손깍지를 끼고 문질러주세요.

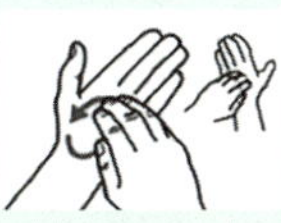

❻ 손가락을 반대편 손바닥에 놓고 손톱 밑을 깨끗하게 하세요.

우리 아이에게 안전한 집

2장

생활 속 유해물질,
 확인하세요

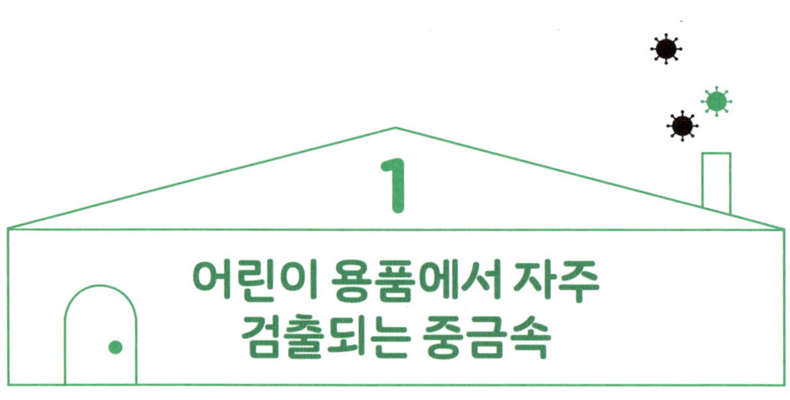

• 물질 개요 및 유해성 정보 •

영문명	· 납 : Lead · 카드뮴 : Cadmium · 수은 : Mercury
CAS 번호*	· 납 : 7439-92-1 · 카드뮴 : 7440-43-9 · 수은 : 7439-97-6
유해성 분류표시**	· 납 : 없음 · 카드뮴 : H330(흡입하면 치명적임), H341(유전적인 결함을 일으킬 것으로 의심됨), H350(암을 일으킬 수 있음), H361(태아 또는 생식능력에 손상을 일으킬 것으로 의심됨) · 수은 : H330(흡입하면 치명적임), H360(태아 또는 생식능력에 손상을 일으킬 수 있음), H372(장기간 또는 반복 노출되면 장기에 손상을 일으킴)
물질 지정	· 납 : 제한물질 · 카드뮴 : 제한물질, 중점관리물질 · 수은 : 유독물질, 중점관리물질
주요 노출 제품	건전지, 놀이터 놀이기구, 놀이 매트, 장난감, 학용품

중금속은 장난감, 학용품, 액세서리 도금 및 페인트 등 색소를 내는 제품이나 전자제품, 플라스틱을 만들 때 사용됩니다. 중금속은 대부분 발암물질로 알려져 있으며 발달 독성을 일으키기도 하고, 한번 인체에 흡수되면 밖으로 쉽게 배출되지 않기 때문에 아이들에게 위험성이 큰 유해물질입니다. 대표적인 유해 중금속으로는 납, 카드뮴, 수은이 있습니다.

납은 공기 또는 물에 잘 변질되지 않고 쉽게 형태를 바꾸는 특성이 있어 다른 금속과 함께 합금을 만들어 일상생활에서 널리 쓰입니다. 하지만 납은 뇌와 신경계통의 정상적인 활동을 방해하며, 오랜 시간 노출되었을 때에 청각 장애, 성장 발육 장애, 학습 장애 등의 증상을 유발할 수 있습니다. 또한 심할 경우 암을 유발할 가능성도 있기 때문에 노출되지 않도록 각별한 주의가 필요합니다.

＊CAS 번호 : 케미컬 애브스트랙트 서비스(Chemical Abstract Service) 번호. 현재까지 알려진 모든 화합물, 중합체 등을 기록하는 번호다. 화학물질은 각각 고유의 CAS 번호를 가지고 있으므로 화학물질을 검색할 때 물질명(한글 또는 영문)보다는 CAS 번호로 검색하는 것이 보다 쉽고 정확하다.

＊＊유해성 분류표시 : 유엔(UN)은 화학물질의 유해성에 관한 정보 제공을 통해 화학물질의 안전 관리 및 인체 건강, 환경을 보호하고, 각국의 상이한 분류·표시 사항으로 인한 무역 장벽을 해소하기 위해 화학물질 분류·표시의 국제적 통일화 작업(Globally Harmonized System of Classification and Labelling of Chemicals, GHS)을 전 세계적으로 운영한다. 유해성이 있거나 우려가 있는 화학물질은 해당 유해성에 해당되는 H 코드가 부여된다.

카드뮴은 노출되었을 시 간 손상, 뼈 약화, 구토, 설사 등의 증상이 나타날 수 있으며, 납과 마찬가지로 암을 일으키는 물질입니다. 특히 태아 또는 어린이의 정상적인 발달을 방해할 수 있어 주의가 필요합니다.

수은은 많은 양이 노출되었을 때에 피부 발진, 고혈압, 폐 독성 등과 다리 경련, 피부의 붉어짐, 가려운 증상이 나타닐 수 있습니다. 또한 내분비계 장애 물질로 뇌와 신경계통에 영향을 미치기 때문에 임산부(태아)와 아이가 노출되지 않도록 주의해야 합니다.

· **건전지** 수은이 포함되지 않은 건전지를 구매합니다. 부득이
하게 수은이 포함된 제품을 사용할 때에는 파손되지 않도록
하고, 사용 후에는 정해진 수거 장소에 버려야 합니다.

· **놀이터** 놀이기구 미끄럼틀, 시소, 고무 바닥재 등 중금속에
노출될 수 있는 요소가 많기 때문에 아이가 놀이터에서 돌
아온 후에는 반드시 손과 몸을 씻도록 지도해야 합니다.

· **놀이 매트** 폴리우레탄 소재 매트는 벗겨진 흔적이 있을 때에
새로운 매트로 교체하여 사용하도록 하며, 되도록 놀이 매트
에서는 아이가 오랫동안 누워 있지 않도록 해야 합니다.

· **장난감** 페인트가 벗겨진 장난감은 사용하지 말고 버려야 하
며, 젖은 천으로 문질렀을 때 색이 묻어나는 것은 사용하지
말아야 합니다.

· **학용품** 반짝이는 재질이나 화려한 색깔, 향이 강한 제품을
피하는 것이 좋으며, 낯선 소재의 학용품은 KC 인증 표시와

리콜 여부를 확인하고 구매해야 합니다.

· **기타** 제품 외에 먼지에도 중금속이 함유되어 있기 때문에 황사나 미세먼지 농도가 나쁜 날에는 되도록 마스크를 사용해야 합니다. 외출 시에는 자동차가 많이 다니는 교통이 복잡한 도로변을 피하고, 가능하면 대기오염이 적은 곳으로 다니는 것이 좋습니다. 또한 외출 후 집에 들어오기 전에는 반드시 옷과 신발을 밖에서 털어서 먼지를 제거하도록 합니다.

〈참고〉 화학물질의 종류(「화학물질의 등록 및 평가 등에 관한 법률」)

구 분	내 용
기존화학물질	「유해화학물질 관리법」에 따라 유해성 심사를 받은 화학물질로서 환경부장관이 고시한 화학물질
신규화학물질	기존화학물질을 제외한 모든 화학물질
유해화학물질	· 유독물질(유해성이 있는 화학물질) · 허가물질(위해성이 있다고 우려되는 화학물질로 환경부장관의 허가를 받아 제조 · 수입 · 사용)

유해화학물질	· 제한물질(특정 용도로 사용되는 경우 위해성이 크다고 인정되는 화학물질로 그 용도로의 제조 · 수입 · 판매 · 보관 · 운반 · 사용 금지함. 환경부장관이 화학물질평가위원회 심의 거쳐 고시)
중점관리물질	사람 또는 동물에게 암, 돌연변이, 생식능력 이상 또는 내분비계 장애를 일으키거나 일으킬 우려가 있는 물질 등을 고려 화학물질평가위원회 심의 거쳐 고시

2
임산부가 더욱 주의해야 하는 프탈레이트류

영문명	· DEHP(Bis[2-ethylhexyl] phthalate) · DBP(Dibutyl phthalate) · DINP(Diisononyl phthalate) · DEP(Diethyl phthalate)
CAS 번호	· DEHP : 117-81-7 · DBP : 84-74-2 · DINP : 28553-12-0 · DEP : 84-66-2
유해성 분류표시	· DEHP : H360(태아 또는 생식능력에 손상을 일으킬 수 있음) · DBP : H360(태아 또는 생식능력에 손상을 일으킬 수 있음) · DEHP, DEP : 없음
물질 지정	· DEHP : 유독물질, 중점관리물질, 등록대상기존화학물질 · DBP : 유독물질, 중점관리물질, 등록대상기존화학물질 · DINP : 등록대상기존화학물질 · DEP : 기존화학물질
주요 노출 제품	음식 용기, 장난감, 컴퓨터 · 프린터, 놀이 매트

프탈레이트류는 폴리염화비닐(PVC) 플라스틱을 부드럽게 하거나 향이 오래 지속되게 하는 용도로 사용됩니다. 제품 제조 시

프탈레이트류는 접착제, 건축자재, 세제, 페인트, 향수, 화장품, 빨대 등에 이르기까지 광범위하게 사용하며, 특히 어린이가 자주 사용하는 장난감, 지우개, 가방에도 사용되어 가정 어디에서든 프탈레이트류에 노출될 수 있습니다.

프탈레이트류는 DEHP, DINP, DBP, DEP 등 물질로 주로 구분합니다. 주로 유연성 있는 플라스틱 및 건축자재 관련 제품에는 DEHP, DINP를 사용하며, 곤충 퇴치제 및 매니큐어, 향수 등 개인 용품에는 DBP, DEP를 사용합니다.

해외에서는 프탈레이트류 가소제가 인체에 유해하다는 결정을 내리고 1999년부터 내분비계 장애를 일으키는 환경호르몬 추정 물질로 관리하고 있습니다. 특히 정자 내 유전물질인 DNA 파괴, 유산 등에 영향을 미치는 생식독성물질인 만큼, 임산부이거나 임신 가능성이 있는 경우 다음 세대인 태아나 영유아에게 영향을 미칠 수 있어 노출에 더욱 주의를 기울여야 합니다.

우리나라를 비롯하여 유럽, 미국 등에서는 어린이 제품에 프탈레이트류의 사용을 금지하거나 함량을 제한하고 있습니다. 그럼에도 장난감, 학용품 등 어린이 제품에서 프탈레이트류가 기준치 이상으로 검출되었다는 소식이 매년 발표되고 있어 지속적으로 주의를 기울일 필요가 있습니다.

· **음식 용기** 어린아이가 사용하는 음식 용기는 되도록 영유아 용으로 표시된 제품을 구매하여 사용합니다. 음식을 장기간 보관하려면 플라스틱보다는 유리제 음식 용기를 사용하며, 전자레인지로 음식을 기열할 때에는 반드시 전자레인지용 으로 표시된 용기를 사용하도록 합니다.

· **장난감** "경고! 입에 넣으면 프탈레이트류 가소제가 용출될 수 있으니 입에 넣지 말 것" 또는 "프탈레이트류 가소제가 용출될 수 있으니 어린이의 얼굴과 입에 닿지 않도록 할 것" 등의 경고 사항이 표시된 장난감은 아이가 절대 입으로 빨 지 못하도록 지도해야 합니다.

· **컴퓨터 · 프린터** 피복이 벗겨지거나 낡은 전선은 새로운 전 선으로 교체하여 사용해야 합니다.

· **놀이 매트** 폴리우레탄 소재 매트는 벗겨진 흔적이 있을 때에 새로운 놀이 매트로 교체하고, 놀이 매트에서는 되도록 아이 가 오랫동안 누워 있지 않도록 해야 합니다.

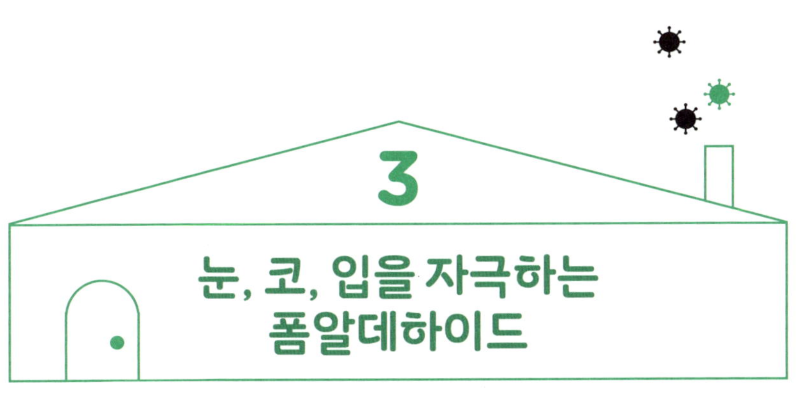

눈, 코, 입을 자극하는 폼알데하이드

• 물질 개요 및 유해성 정보 •

영문명	Formaldehyde
CAS 번호	50-00-0
유해성 분류표시	· H301(삼키면 유독함) · H311(피부와 접촉하면 유독함) · H314(피부에 심한 화상과 눈에 손상을 일으킴) · H317(알레르기성 피부 반응을 일으킬 수 있음) · H330(흡입하면 치명적임) · H350(암을 일으킬 수 있음)
물질 지정	유독물질, 제한물질, 중점관리물질, 등록대상기존화학물질
주요 노출 제품	어린이용 가구, 옷, 침구류

　　폼알데하이드는 색깔이 없고 투명한 액체로 자극적인 냄새가 나는 물질입니다. 폼알데하이드는 다른 화학물질과 쉽게 결합하는 특성이 있어 건축자재, 가정용 화학제품에 널리 사용되는 주요 화학물질의 하나로 새집증후군*의 주범으로 지목되고 있습

니다. 폼알데하이드는 주로 파티클보드, 섬유판, 합판과 같은 압축 목재 제품과 이들을 이용해 만드는 가구, 단열재 및 바닥재, 접착제 등에 포함될 수 있습니다. 이처럼 가정 속에서 많은 면적을 차지하는 제품에 사용되는 만큼 실내 공기 오염의 주범으로 지목되기도 합니다. 또한 폼알데하이드는 살균 및 방부 성능이 있어 화장품, 섬유 유연제, 방향제, 위생용품, 세정제 등에도 포함될 수 있습니다.

폼알데하이드는 우리가 숨을 들이마실 때 공기를 통해 흡수되기도 하고, 피부 접촉을 통해 몸에 흡수되기도 합니다. 낮은 농도로 장기간 지속해서 노출될 경우 코의 세포가 손상되거나 위염과 위궤양을 일으키고, 눈과 피부 및 호흡기에 자극을 주거나 피부에 과민성을 유발할 수 있습니다.

또한 높은 농도로 노출될 경우 짧은 시간이라고 하더라도 구토, 설사 같은 증상이 나타날 수 있습니다. 심할 경우에는 천식 등 알레르기 질환과 눈, 코, 인후 염증을 유발하기도 합니다. 특히 비인두암, 혈액암, 비강암 등 암을 일으키는 물질이기 때문에 환기 등을 통해, 장시간 노출되지 않도록 주의해야 합니다.

＊새집증후군 : 신축 건물의 건축자재나 벽지 등에서 나오는 휘발성 유기화합물(VOCs) 등 유해 화학물질이 거주자에게 두통 · 피로 · 호흡 곤란 · 천식 · 비염 · 피부염 · 알레르기 등 건강상 문제 및 불쾌감을 유발하는 현상

· **어린이용 가구** 새 가구는 초기에 다량의 폼알데하이드를 방출할 가능성이 크기 때문에 사용하기 전에 가구 문을 활짝 열고 장시간 환기를 시키는 것이 중요합니다. 또한 가구를 고를 때에는 공장에서 갓 생산된 제품보다는 가게 전시장이나 창고에서 한동안 머물러 냄새가 거의 다 방출된 제품을 선택하도록 합니다.

· **옷** 되도록 화학 냄새가 적은 옷을 구매하도록 합니다. 새 옷을 입기 전에는 반드시 세탁 후 햇볕에 말려 입도록 합니다.

· **침구류** 제품 고유의 냄새가 많이 나는 것을 구매하지 않아야 하며, "폼알데하이드 무첨가"라고 기재된 제품을 구매하는 것이 좋습니다.

· **기타** 폼알데하이드는 높은 실내 온도와 습도에서 방출이 증가합니다. 집의 온도(여름철 기준 25~26℃)와 습도(40~60%)를 적절하게 유지하고 충분한 환기를 실시하는 것이 노출을 최소화하는 방법입니다. 또한 담배 연기와 자동차 가스는 폼

알데하이드의 주요 노출원으로, 외출 시에는 아이가 담배 연기가 많은 장소나 교통량이 많은 시간의 도로 주변에는 가까이 가지 않도록 지도해야 합니다.

· 물질 개요 및 유해성 정보 ·

영문명	Dermatophagoides pteronyssius
CAS 번호	없음
유해성 분류표시	없음
물질 지정	없음
주요 노출 제품	옷, 장난감, 침구류

진드기는 침구류, 침대 매트리스, 소파 등 햇빛이 직접 닿지 않는 섬유제품에 서식하는 경향이 있습니다. 사람의 몸에서 나오는 각질, 비듬, 머리카락은 모두 진드기의 먹이가 되며, 특히 베개 등 침구류가 진드기에 취약합니다.

진드기는 매우 작기 때문에 육안으로 관찰하는 것은 불가능하며, 일반적으로 사용되는 매트리스에 10만 마리 이상의 먼지 진드기가 서식하는 것으로 알려져 있습니다. 진드기는 몸체 일부의 단백질과 배설물로 인해, 단백질에 민감한 사람들에게 재채기, 콧물, 코 막힘, 목 통증, 가려움, 눈 충혈 등의 알레르기 증상을 유발합니다. 또한 세계적으로 천식 발병의 주요 원인 중 하나인 물질로 알려져 있습니다.

진드기의 양은 무엇보다 집 안의 습도와 온도에 따라 크게 달라집니다. 특히 진드기는 높은 습도를 좋아하고, 천으로 만들어진 제품에 주로 서식하는 성향이 있습니다. 에어컨, 제습기나 가습기를 활용하여 되도록 실내 습도를 적정하게(40~60%) 유지하는 노력이 중요합니다.

· **옷, 침구류** 가구 안에서 오래 보관한 옷과 침구류는 진드기가 있을 가능성이 크기 때문에 세탁하여 햇볕에 말린 후 사용하도록 합니다.

· **장난감** 천 재질의 장난감은 적어도 한 달에 한 번씩은 세척하는 것이 좋으며, 세척이 안 될 때에는 용기에 담아 냉동실에 4시간 이상 넣으면 진드기를 제거할 수 있습니다.

· **기타** 공기 중에 날리는 반려동물의 털에 진드기와 더불어 각종 세균이 붙어 알레르기, 천식 등을 유발할 수 있습니다. 실내에서 반려동물을 키우는 가정에서는 반려동물을 자주 씻기고, 배설물 처리와 청소에 더욱 주의를 기울여야 합니다.

영문명	Radon
CAS 번호	10043-92-2
유해성 분류표시	없음
물질 지정	중점관리물질
주요 노출 제품	건축 마감재(바닥재 포함), 지하 주차장, 침대

라돈은 화강암, 콘크리트 등 건축자재에 포함된 우라늄이 붕괴하면서 생성되는 무색, 무취의 방사성 물질입니다. 또한 자연 방사능 중에서 인체에 미치는 영향이 가장 강한 비활성기체입니다. 주로 건축자재 등에 포함된 라돈이 집 안으로 유입되어 인체에 흡수되지만, 최근 방사성 원료 물질을 섬유 표면에 사용하면서 침대 매트리스, 침구류 등 제품 자체에서도 라돈이 검출되고 있습니다. 일상에서 노출되는 라돈의 양은 건강에 크게 유해하지 않을 수 있으나, 많은 양의 라돈 가스에 노출될 경우에 폐암을

유발할 수 있습니다. 라돈은 흡연과 더불어 폐암의 주요 원인 물질로 알려져 있으며, 특히 세계보건기구 산하기관인 국제암연구소(IARC)에서는 라돈을 1군 발암물질로 분류하고 있습니다.

• IARC의 발암물질 구분 •

구 분	내 용
1군 (발암물질)	암을 일으킨다는 결과가 인체에 대한 연구와 동물 실험 모두에서 충분히 나타난 경우
2A군 (발암추정물질)	암을 일으킨다는 결과가 인체에 대한 연구에서는 일부 나타나고, 동물 실험에서는 충분한 증거가 인정되어 인체에 암을 일으킬 수 있다고 인정하는 경우
2B군 (발암가능물질)	암을 일으킨다는 결과가 인체에 대한 연구에서는 일부 나타나지만, 동물 실험에서는 충분히 나타나지 않은 경우
3군 (발암성비분류물질)	암을 일으킨다는 결과가 인체에 대한 연구와 동물 실험 모두에서 충분히 나타나지 않은 경우
4군(비발암성추정물질)	인체에 암을 일으킬 가능성이 없는 경우

체내에 들어온 라돈, 엄밀하게 말하면 라돈자손*은 방사능 붕괴를 통해 방사선을 방출하고, 노출된 폐 세포의 유전자가 손상되면서 암이 발생할 수 있습니다. 특히 아이는 성인보다 흡입량과 몸속 세포분열이 활발하여 라돈의 노출에 민감하기 때문에 더욱 주의를 기울일 필요가 있습니다.

---

*라돈자손 : 라돈이 붕괴하면서 생성된 물질.

· **건축 마감재** 라돈을 함유하지 않은 건축 마감재를 사용하는 것이 좋으나, 이미 마감재로 화강암 석재 등 라돈을 방출할 수 있는 제품(신발 발판석, 화장실 선반 등)이 설치되었다면 간이 라돈 농도 측정기를 사용하여 석성 여부를 반드시 확인해야 합니다.

· **지하 주차장** 라돈은 지하에서 가장 많이 방출됩니다. 실내에는 벽지, 시트지 등 마감재가 사용되는 반면, 지하 주차장의 경우에는 마감이 되지 않은 건축자재 등이 사용되기 때문입니다. 아이들이 지하 주차장에서 너무 오래 있지 않도록 해야 합니다.

· **침대** 매트리스 표면 재질로 모자나이트 등 방사성 원료 물질이 사용된 제품을 구매하지 않아야 하며, 낯선 소재의 침대 광고에 현혹되지 말고 사회적으로 대중화 및 안전성 검증이 이루어지고 나서 구매하는 것이 좋습니다.

· **기타** 벽이나 바닥 등에 갈라진 틈새가 있을 때에는 건축용

실링재(마트에서 구입 가능)를 이용하여 잘 막는 것만으로도 집으로 들어오는 라돈의 양을 줄일 수 있습니다. 또한 환기가 안 되는 실내에는 라돈이 고농도로 존재할 수 있기 때문에 평소 환기를 잘하여 실내 라돈 농도를 낮추려는 노력이 필요합니다.

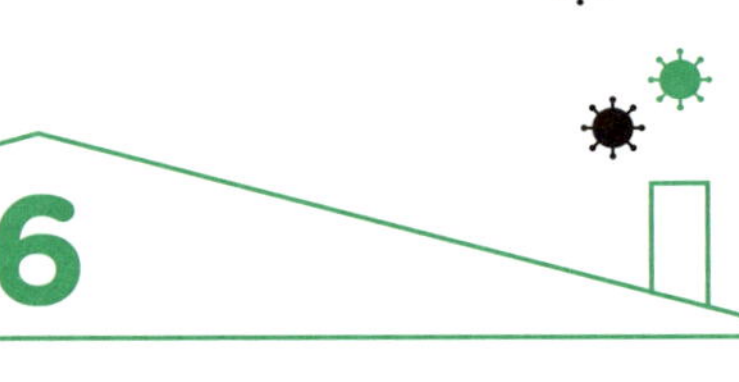

6

내분비계 장애를
일으키는 알킬페놀류

영문명	· 4-tert-옥틸페놀 : 4-tert octylphenol · 이소-노닐페놀 : iso-nonylphenol
CAS 번호	· 4-tert-옥틸페놀 : 140-66-9 · 이소-노닐페놀 : 11066-49-2
유해성 분류표시	· 4-tert-옥틸페놀 : H312(피부와 접촉하면 유해함), H315(피부에 자극을 일으킴), H318(눈에 심한 손상을 일으킴) · 이소-노닐페놀 : H302(삼키면 위험함), H314(피부에 심한 화상과 눈에 손상을 일으킴), H361(태아 또는 생식능력에 손상을 일으킴)
물질 지정	· 4-tert-옥틸페놀 : 유독물질, 중점관리물질 · 이소-노닐페놀 : 유독물질, 제한물질
주요 노출 제품	세탁 세제 · 섬유 유연제, 염색약

알킬페놀류는 세탁 세제, 섬유 유연제와 세정제 등의 계면활성제로 사용되는 알킬페놀에톡실레이트가 분해되는 과정에서 생성되는 물질입니다. 알킬페놀에톡실레이트는 세정력이 좋고 가격이 저렴하여 다양한 제품에 사용되며, 물질 자체로는 생물과 인간에 대한 독성이 낮은 편이지만 생물학적으로 분해되는 과정에서 알킬페놀류가 생성되어 위험한 물질입니다.

알킬페놀류는 인체 내 내분비계 장애 물질로 생식과 발달을 조절하는 신체의 호르몬 작용을 방해할 수 있습니다. 특히 신체 활동이 미숙한 아이에게 더 위험할 수 있으므로, 알킬페놀류가 노출될 우려가 있는 합성세제나 모발 관리 제품(염색약 등)은 아이가 함부로 만지지 않도록 평상시 주의시켜야 합니다.

· **세탁 세제 · 섬유 유연제** 제품에 표기된 적정 사용량을 사용하는 것이 중요하며, 제품이 휘발되지 않도록 뚜껑을 단단히 밀봉해서 보관해야 합니다. 야외 또는 환기가 잘되는 장소에서 사용하도록 하며, 아이들이 사용하지 못하도록 주의해야 합니다.

· **염색약** 염색약은 영유아, 어린이, 임산부 등의 소비자가 주로 사용하는 제품이 아니다 보니 유해물질 배출에 대한 언론 이슈가 상대적으로 적은 편입니다. 하지만 인체 유해 가능성이 있어 안전확인대상생활화학제품으로 지정된 만큼, 염색약을 사용하고 보관할 때 주의가 필요하며 되도록 집이 아닌 미용실에서 염색하는 것이 좋습니다.

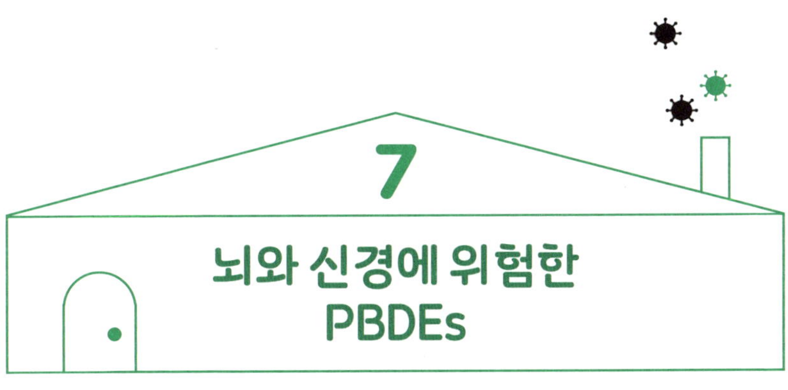

· 물질 개요 및 유해성 정보 ·

영문명	· Deca-BDE(Decabromo diphenyl ether) · Octa-BDE(Octabromo diphenyl ether) · Penta-BDE(Pentabromo diphenyl ether)
CAS 번호	· Deca-BDE : 1163-19-5 · Octa-BDE : 32536-52-0 · Penta-BDE : 32534-81-9
유해성 분류표시	· Deca-BDE : 없음 · Octa-BDE : H360(태아 또는 생식능력에 손상을 일으킬 수 있음) · Penta-BDE : H362(모유를 먹는 아이에 유해할 수 있음), H373(장기간 또는 반복 노출되면 장기에 손상을 일으킬 수 있음)
물질 지정	· Deca-BDE : 중점관리물질, 등록대상기존화학물질 · Octa-BDE : 금지물질 · Penta-BDE : 금지물질
주요 노출 제품	침대(매트리스), 컴퓨터 · 프린터

PBDEs(Polybrominated diphenyl ethers)는 브롬화난연제로 플라스틱, 건축자재, 섬유 등 가연성 재료에 첨가하여 발화를 방지하거나 지연하는 역할을 합니다. 주로 건축자재, 침대 매트리스, 카펫, 전자제품 등 다양한 제품의 난연제로 사용되고 있습니다. 특히 PBDEs는 난연제 중 첨가량 대비 우수한 성능을 갖고 있고 가격도 저렴하여 산업적으로 많이 사용되지만, 유해성으로 인해 국내외에서 사용을 규제하고 있습니다.

PBDEs는 내분비계 장애 물질로 뇌와 신경계통을 손상시켜 학습과 기억력 장애 등을 유발할 수 있습니다. 주로 제품에서 증발한 가스 형태로 흡입되며, 몸에 흡수될 경우 쉽게 축적되어 빠져나가지 않는 성향이 있어 노출에 주의할 필요가 있습니다.

· **침대** PBDEs는 제품이 낡거나 닳으면 공기 중으로 방출될 수 있기 때문에, 침대 매트리스 표면이 닳아 제품 속 안감인 충전재 또는 폼이 보일 때에는 되도록 빨리 교체하도록 합니다.

· **컴퓨터·프린터** 컴퓨터와 프린터에서 열이 나오는 부분과 사용자의 얼굴이 마주 보지 않도록 설치하고, 열이 배출되는 부분을 손으로 만지지 않도록 해야 합니다. 또한 아이 방 등 밀폐된 공간에서 사용하기 때문에 사용 과정 또는 사용 후에 창문을 열어 환기를 하는 것이 좋습니다.

· **기타** 침대 매트리스, 소파, 침구류 등 난연제를 사용할 여지가 있고 지속해서 신체에 접촉하는 제품은 어떤 난연제가 사용되는지 여부를 꼼꼼히 확인하고 구매하도록 합니다.

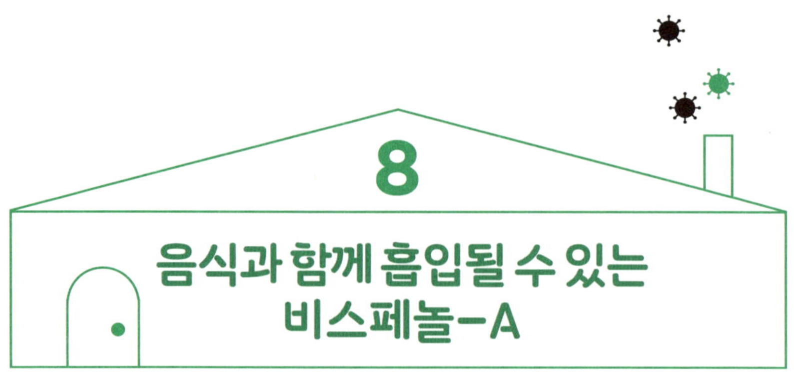

• 물질 개요 및 유해성 정보 •

영문명	Bisphenol-A
CAS 번호	80-05-07
유해성 분류표시	없음
물질 지정	중점관리물질
주요 노출 제품	음식 용기, 카드 영수증

비스페놀-A는 PC 수지나 에폭시수지 등과 같은 플라스틱 제조 원료로 사용됩니다.

PC 수지는 내구성, 내열성 및 전기저항성이 뛰어나며, 가볍고 투명하여 전기·전자 기기는 물론 음식 용기, 광학 안경 등 다양한 제품에 사용합니다.

에폭시수지는 접착성, 내구성, 전기절연성 등이 뛰어나 도료, 접착제, 코팅제 등으로 사용합니다.

생활 속에서 비스페놀-A는 주로 음식 용기, 식품 저장용 캔,

영수증이나 대기 번호표, 일부 치과용 봉함제를 통해 노출될 수 있습니다.

비스페놀-A는 내분비계 장애 물질로서 아이의 정상적인 성장을 방해할 수 있습니다. 또한 남성의 경우 남성호르몬인 테스토스테론을 감소시켜 불임의 원인이 될 수 있으며, 여성에게는 성조숙증을 유발할 수 있다고 알려져 있습니다.

무엇보다 비스페놀-A는 많은 경우 음식을 통해 몸에 흡수되기 때문에 더욱 강한 독성을 나타낼 수 있습니다.

· **음식 용기** 어린아이가 사용하는 음식 용기는 영유아용으로 표시된 제품을 구매하여 사용해야 합니다. 수분 또는 기름기가 많은 음식을 플라스틱제 용기에 담으면 비스페놀-A의 노출 가능성이 있으므로, 되도록 유리제 용기를 사용하는 것이 좋습니다. 또한 뚜껑이 볼록한 통조림 음식은 구매하거나 개봉하지 않으며, 통조림 음식이 먹다가 남았을 때에는 다른 그릇에 옮겨서 냉장 보관하도록 합니다.

· **카드 영수증** 우리가 흔히 만지는 카드 영수증이나 은행 등의 대기 번호표에서도 비스페놀-A가 방출될 수 있습니다. 이러한 용도로 주로 쓰는 감열지*에 발색 촉매제로 사용되기 때문입니다. 하루에 몇 번씩 받는 영수증을 오래 손에 쥐거나 보관하는 등 접촉을 되도록 줄이고, 영수증을 만진 후에는 손을 씻는 습관을 들이는 것이 바람직합니다.

---

*감열지 : 표면을 화학물질로 코팅하여, 열이 가해지는 지점에 색이 나타나는 종이.

· 물질 개요 및 유해성 정보 ·

영문명	Nickel
CAS 번호	7440-02-0
유해성 분류표시	없음
물질 지정	기존화학물질
주요 노출 제품	어린이용 가구, 어린이용 액세서리

니켈은 은백색의 광택을 지닌 금속으로 공기 중에서 변하지 않고 산화 반응을 일으키지 않아 도금과 합금에 널리 사용됩니다. 주로 동전, 가구 금속 부품, 액세서리 등 생활 속에서 다양하게 쓰입니다. 하지만 니켈은 피부 자극, 호흡기 자극, 알레르기 반응 등을 유발하며, 니켈이 금속(장신구) 소재로 사용된 제품은 대개 몸에 오랜 시간 접촉하여 사용되는 것이기 때문에 노출에 주의를 기울여야 합니다.

니켈이 포함된 금속 재질의 제품은 피부와 접촉할 때에 피부를 보호하는 각질층을 파괴해 알레르기성피부염과 자극성 피부염을 발생시킵니다. 자극성 피부염은 물리적 자극이나 산 및 알칼리에 의한 화학적 자극으로 직접 피부에 생기는 장애를 의미합니다.

니켈 같은 금속 성분에 의한 알레르기성피부염은 한번 발생하면, 그 금속이 피부에 침투할 때마다 재발하는 특성*이 있습니다. 특히 니켈은 금속 중 피부염 재발 빈도가 가장 높은 금속이어서 니켈을 포함한 제품을 장기간 접촉하여 사용하지 않도록 주의해야 합니다.

또한 니켈은 호흡기와 소화기를 통해서도 노출되기 때문에, 니켈에 직접 접촉하지 않은 부위에서도 금속 알레르기가 발생할 수 있습니다.

---

*알레르기 유발 원인 물질이 체내에 침입하였을 때, 체내에 이미 만들어진 기억 세포가 이들 물질을 감지하여 여러 화학 매체를 분비하게 하여 염증이 발생한다.

· **어린이용 가구** 되도록 표면에 금속 재질이 적은 제품을 구매하도록 하며, 어린이제품 KC 인증 표시가 있는지 확인해야 합니다. 또한 일부 금속 재질이 있는 가구는 금속 표면 위에 셀로판테이프, 시트지 등을 붙여놓으면 노출을 줄일 수 있습니다.

· **어린이용 액세서리** 어린이용 액세서리(모조 귀금속)를 구매할 때에는 어린이제품 KC 인증 표시를 확인하고, 확인할 수 없거나 의심스러운 국가에서 제조된 제품은 피해야 합니다.

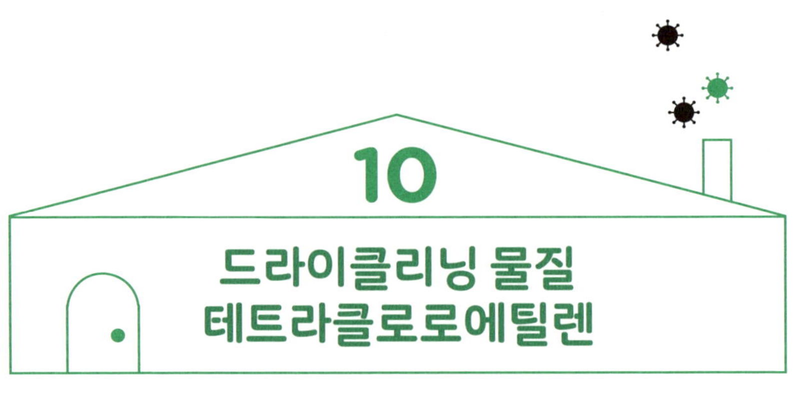

• 물질 개요 및 유해성 정보 •

영문명	Tetrachloroethylene
CAS 번호	127-18-4
유해성 분류표시	· H315(피부에 자극을 일으킴) · H350(암을 일으킬 수 있음) · H336(졸음 또는 현기증을 일으킬 수 있음)
물질 지정	중점관리물질, 유독물질, 제한물질
주요 노출 제품	세탁소, 옷

드라이클리닝은 물 대신 극성(極性)이 없는 드라이클리닝 용매를 사용합니다. 드라이클리닝 용매는 물에 비해 가벼워 세탁물에 가해지는 힘이 매우 작기 때문에 세탁 과정에서 세탁물의 모양과 크기를 덜 변형시키는 장점이 있습니다. 옷과 기타 섬유제품을 세탁하기 위한 드라이클리닝 용매로 주로 쓰이는 물질은 테트라클로로에틸렌이며, 금속 세척제나 페인트 등에도 사용됩니다.

테트라클로로에틸렌은 발암물질로 태아에 손상을 일으킬 수 있어 임산부의 경우 각별히 주의가 필요합니다. 또한 피부에 접촉했을 때에는 피부염을 일으킬 수 있으며, 흡입 시 현기증, 피로감, 두통, 발한 등 중추신경계 저하 증상을 유발할 수 있습니다.

특히 테트라클로로에틸렌은 자극적인 냄새를 내며 쉽게 증발하는 물질이기 때문에, 드라이클리닝한 후 충분히 냄새를 제거하지 않은 채 입을 경우 호흡을 통해 몸에 흡입될 수 있어 주의가 필요합니다.

· **세탁소** 세탁소는 밀폐된 공간이기 때문에 테트라클로로에틸렌 등 용매 증기가 남아 있을 수 있습니다. 아이와 임산부는 되도록 세탁소 출입을 자제하도록 하며, 길가에 증기를 배출하는 세탁소 옆을 지나갈 때에는 멀리 떨어져 잠깐이라도 호흡을 참는 것이 좋습니다.

· **옷** 드라이클리닝 제품보다는 손세탁이 가능한 옷을 구매하도록 합니다. 특히 아이와 임산부는 되도록 손세탁한 옷을 입고, 드라이클리닝한 옷을 입지 않도록 해야 합니다. 세탁소에서 드라이클리닝한 옷을 찾아오면 비닐 포장을 벗기고 최소 1시간 이상 베란다에 널어두어 충분히 휘발시키는 것이 바람직합니다.

• 물질 개요 및 유해성 정보 •

영문명	Benzene
CAS 번호	71-43-2
유해성 분류표시	· H304 (삼켜서 기도로 유입되면 치명적일 수 있음) · H315 (피부에 자극을 일으킴) · H319 (눈에 심한 자극을 일으킴) · H350 (유전적인 결함을 일으킬 수 있음) · H350 (암을 일으킬 수 있음)
물질 지정	유독물질, 사고대비물질
주요 노출 제품	주유소, 지하 주차장, 프린터

벤젠은 가연성이 있고 냄새가 나는 무색 액체로, 원유의 성분입니다. 공기 속에 섞여 있어 우리가 숨을 쉴 때 쉽게 노출될 수 있는 물질로, 자동차 배기가스 및 휘발유, 담배 연기가 주요 노출원이 됩니다.

벤젠은 눈과 피부에 자극적이고 접촉 시 빠르게 흡수되어 피부염을 일으킬 수 있습니다. 흡입할 경우 폐를 자극하여 기침이나 호흡곤란을 일으킬 수 있고, 심하면 기관지염이나 폐렴, 백혈병 증상을 유발할 수 있습니다. 또한 벤젠은 암을 일으키는 물질이므로 되도록 노출되지 않도록 각별히 주의해야 합니다.

· **주유소** 주유소에 있는 시간을 최대한 줄이고, 주유소 이용 시에는 자동차 창문과 문을 닫아 벤젠 등 유해물질이 자동차 안으로 들어오지 못하도록 해야 합니다.

· **지하 주차장** 자동차 시동과 운행에 따라 벤젠이 방출되는데, 특히 지하 주차장은 밀폐된 만큼 잔류 가능성이 크므로 아이가 지하 주차장에서 오랜 시간 체류하지 않도록 해야 합니다.

· **프린터** 인쇄된 종이에 토너 가루가 많이 남을 경우 흡입을 통해 몸으로 쉽게 흡수될 수 있습니다. 이럴 때는 즉시 토너를 교환하거나 프린터를 수리받아야 합니다.

· **기타** 아이가 담배 연기 가까이 가지 않도록 해야 하며, 교통량이 많은 도로 주변에 오랜 시간 머물지 않도록 지도해야 합니다.

· 물질 개요 및 유해성 정보 ·

영문명	· CMIT : 5-Chloro-2-methyl-4-isothiazolin-3-one · MIT : 2-Methyl-4-isothiazolin-3-one
CAS 번호	· CMIT : 26172-55-4 · MIT : 2682-20-4
유해성 분류표시	· H301 (삼키면 유독함) · H310 (피부와 접촉하면 치명적임) · H314 (피부에 심한 화상과 눈에 손상을 일으킴) · H317 (알레르기성 피부 반응을 일으킬 수 있음) · H330 (흡입하면 치명적임)
물질 지정	유독물질
주요 노출 제품	세탁 세제 · 섬유 유연제, 주방 세제

CMIT와 MIT는 약 3:1 비율로 혼합되어 화장품, 샴푸, 치약, 각종 세정제 등의 보존료 또는 살균제 용도로 각종 생활화학제

품에 포함됩니다. 이들 물질을 첨가하지 않는다면 곰팡이 및 세균에 의해 제품이 쉽게 상하거나 유통기간이 짧아져서 상품성이 현저히 떨어집니다. 하지만 CMIT/MIT는 가습기 살균제 건강피해 물질로 규정되면서, 국내에서는 2012년부터 유독물질로 지정되어 생활 속 제품에 사용되는 것이 엄격하게 관리되고 있습니다.

CMIT/MIT는 피부 접촉 시 알레르기성 피부 반응을 일으킬 수 있으며, 심할 경우 화상과 눈 손상을 일으킬 수 있습니다. 특히 흡입할 경우 건강에 치명적인 영향을 미칠 수 있어 분사형 제품을 사용할 때는 더욱 주의가 필요합니다.

· **세탁 세제 · 섬유 유연제** 안전확인대상생활화학제품 표시를 꼭 확인하고 구매해야 합니다. 해당 표시가 있는 제품은 표기된 권장 사항(표준 사용량, 사용 방법, 사용상 주의 사항 등)을 준수하기만 한다면 안전하게 사용할 수 있습니다. 인터넷을 통해 해외 제품을 직접 배송 또는 구매 대행으로 구매할 때에도 되도록 정식으로 수입되어 안전확인대상생활화학제품 기준에 따라 확인 · 표시된 제품을 구매하도록 합니다.

· **주방 세제** 인터넷을 통해 해외 제품을 직접 배송 또는 구매 대행으로 구매할 경우에는 우리나라에서 금지된 원료 성분이 포함되어 있을 수 있습니다. 꼼꼼히 성분을 확인하고 구매해야 하며, 성분 확인이 어렵거나 귀찮을 때에는 국가 친환경 제품인 환경표지 인증을 받은 제품을 구매하는 것이 좋습니다.

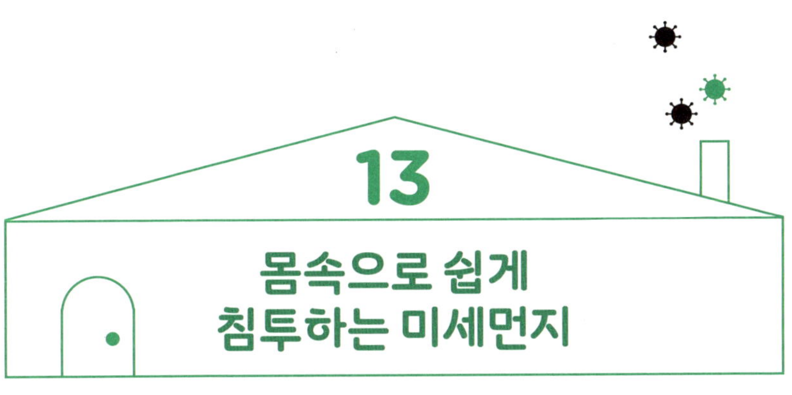

미세먼지는 대기 중에 떠다니는 작은 먼지 입자들로, 굵기에 따라 PM10(직경 $10\mu m$ 이하, $1\mu m$=100만분의 1m), PM2.5(직경 $2.5\mu m$ 이하) 등으로 구분합니다. 주로 보일러나 발전 시설 등 연료의 연소, 자동차 배기가스, 건설 현장이나 도로 등에서 발생합니다. 집에서도 고기를 굽거나 튀기는 등 요리를 할 때 발생할 수 있습니다.

잘 알려진 바와 같이 미세먼지는 중금속, 유해물질이 포함되어 있어 호흡기를 통해 폐에 흡착되거나 혈관을 따라 체내로 이동해 건강에 좋지 않은 영향을 미칠 수 있습니다. 세계보건기구(WHO)에서도 발암물질로 분류하고 있을 정도로 유해한 영향을 미칩니다. 미세먼지가 위험한 이유는 무엇보다 크기가 매우 작기 때문에 걸러지지 않고 몸속으로 침투하기 때문입니다.

미세먼지가 일단 몸속으로 들어오면 기도, 폐, 심혈관 등 몸의

각 기관에서 염증 반응이 나타나고 천식, 호흡기 질환, 심혈관 질환을 유발할 수 있습니다. 특히 유아, 임산부, 심장 및 호흡기 질환자는 더 큰 영향을 받을 수 있으므로 각별한 주의가 필요합니다.

정부에서는 미세먼지 농도 예측 결과에 따라 좋음, 보통, 나쁨, 매우 나쁨의 4단계 등급으로 예보를 발표합니다. 미세먼지 예보는 PM10과 PM2.5 모두 고려하며, 등급이 다를 경우 더 높은 등급을 예보 등급으로 결정합니다.

미세먼지 예보 결과는 환경부 에어코리아 홈페이지(www.airkorea.or.kr), 모바일 애플리케이션(우리동네 대기정보) 등을 통해 확인할 수 있으며, 예보 문자 서비스 신청(에어코리아 홈페이지〉고객의 소리〉문자서비스)을 하면 미세먼지 예보 등급이 나쁨 이상일 때 문자를 받을 수 있습니다.

• 미세먼지 예보 · 발표의 등급 기준 •

미 세 먼 지 농 도 (μg / m^3 , 일 평 균)	좋 음	보 통	나 쁨	매 우 나 쁨
PM10	0~30	31~81	81~150	151 이상
PM2.5	0~15	16~35	36~75	76 이상

· **공기청정기** 미세먼지 농도가 높은 날이라도 공기청정기를 켠 상태에서 1회당 5분 이내로 환기를 주기적으로 실시하는 것이 좋습니다. 특히 실내 미세먼지 농도가 높다고 생각될 때에는 공기청정기를 자동운전 기능보다는 최대 풍량으로 일정 시간 가동 후 중 또는 약 기능으로 작동하여 사용하도록 합니다.

· **마스크** 미세먼지 농도가 높은 날에는 호흡기 보호를 위해 의약외품으로 허가된 보건용 마스크를 꼭 착용해야 합니다. 이 마스크에는 입자 차단 성능을 나타내는 'KF99', 'KF94', 'KF80'이 표시되어 있습니다. KF 뒤에 붙은 숫자가 클수록 미세입자 차단 효과가 더 크지만, 숨쉬기가 불편할 수 있으므로 개인에게 적당한 제품을 선택하는 것이 좋습니다. 특히 보건용 마스크는 얼굴 크기에 맞는 사이즈를 선택하여 얼굴에 밀착하도록 착용하는 것이 중요하며, 마스크 모양과 기능을 변형시킬 수 있는 세탁은 하지 않아야 합니다.

· **시력 교정기** 미세먼지 농도가 높은 날에는 콘택트렌즈보다

는 안경을 착용하도록 합니다. 부득이하게 콘택트렌즈를 착용했을 때에는 장시간 착용을 피하고, 외출 후에는 렌즈를 즉시 빼내어 인공눈물로 눈을 세척하도록 합니다.

· **자동차** 차량이 많거나 미세먼지 농도가 높은 날에는 되도록 자동차의 공조 시스템을 내부 공기 순환 모드로 맞춰두어 외부 공기가 유입되지 않도록 해야 합니다. 또한 에어컨과 히터 필터는 주기적으로 교체하되, 아이가 타는 자동차는 초미세먼지를 거를 수 있는 필터로 교체하는 것이 좋습니다.

· **기타** 미세먼지 농도가 높은 날에는 야외 모임, 스포츠 등 실외 활동을 최소화할 필요가 있습니다. 불가피하게 외출할 경우에는 자동차가 많이 다니는 대로변을 피하고, 대기오염이 적은 곳에 머무는 것이 바람직합니다.

1. 디메틸포름아미드(Dimethylformamide, DMF, CAS 번호 : 68-12-2)

- **특성** : 의약품, 살충제, 접착제, 인조 가죽, 섬유 등의 생산 과정에서 각종 화학반응의 용매로 사용합니다. 표면 코팅제, 플라스틱, 접착제에 사용되며, 특히 아크릴과 모드아크릴 섬유의 형태로 사용되어 옷에서도 방출됩니다.
- **유해성** : 피부 접촉 시 통증, 가려움증, 염증, 홍진을 유발하며 호흡 시 호흡장애, 피부 화상, 습지, 알레르기를 유발합니다. 발암물질로도 알려져 있습니다.
- **유해성 분류표시** : H319(눈에 심한 자극을 일으킴), H360(태아 또는 생식능력에 손상을 일으킬 수 있음)
- **주요 노출 경로** : 옷, 놀이 매트

2. 리모넨(Limonene, CAS 번호 : 5989-27-5)

- **특성** : 감귤 향을 내기 위해 향초의 향료, 세정제, 식품 첨가제, 공기청정기 등에 광범위하게 사용합니다. 리모넨이 포함된 제품을 실내에서 사용할 때 증기를 통해 흡입할 수 있으므로, 되도록 환기가 잘되는 곳에서 사용하는 것이 바람직합니다.
- **유해성** : 리모넨을 포함한 증기가 실내에 축적되면 눈에 자극적일 수 있으며, 일부는 기도에 자극적일 수도 있습니다.

· **유해성 분류표시** : H315(피부에 자극을 일으킴), H317(알레르기성 피부 반응을 일으킬 수 있음)

· **주요 노출 경로** : 향초, 세정제, 공기청정기

3. 메탄올(Methanol, CAS 번호 : 67-56-1)

· **특성** : 알코올 냄새가 나고 색이 없는 물질입니다. 주로 페인트 용제, 의약품, 염료, 광택제, 세정제 등 다른 화학물질의 제조 등에 사용하고, 휘발유 및 디젤 엔진의 배기가스, 담배 연기 등을 통해 노출될 수 있습니다.

· **유해성** : 반복해서 노출되면 두통, 어지럼증이 일어날 수 있습니다. 심할 경우, 간, 신장, 심장, 위, 장 및 췌장 손상이 일어날 수 있으며, 호흡곤란 또는 드물게는 순환 허탈로 인한 사망이 일어날 수도 있습니다.

· **유해성 분류표시** : H301(삼키면 유독함), H311(피부와 접촉하면 유독함), H319(눈에 심한 자극을 일으킴), H331(흡입하면 유독함), H370(장기에 손상을 일으킴)

· **주요 노출 경로** : 방향제, 세정제(자동차용 창유리 세정액), 탈취제, 보강재

4. 붕산(Boric acid, CAS 번호 : 10043-35-3)

· **특성** : 기름과 유분을 유화시켜주며, 물의 표면장력을 감소시켜 때를 제거하는 데 도움을 주는 물질로 주로 세제에 사용합니다. 또한 화장품, 피부 및 모발 관리 제품 등에도 포함될 수 있습니다.

· **유해성** : 단기간 노출 시 눈, 피부, 호흡기를 자극하며, 간 및 신장에 영향을 미칠 수 있습니다. 반복 또는 장기간 피부에 접촉 시 피부염을 유발할 수 있습니다.

· **유해성 분류표시** : 없음

· **주요 노출 경로** : 세탁 세제, 장난감

5. 아크릴로니트릴(Acrylonitrile, CAS 번호 : 107-13-1)

· **특성** : 표면 코팅제, 플라스틱, 접착제에 사용되며, 특히 아크릴과 모드아크릴 섬

유의 형태로 사용되어 옷에서도 방출됩니다.

· **유해성** : 노출 시 빈혈, 판단력 상실, 경련, 피부 알레르기 등의 증상이 나타날 수 있습니다. 심할 경우 급성 독성을 일으키고, 암을 유발할 수 있습니다.

· **유해성 분류표시** : H301(삼키면 유독함), H310(피부와 접촉하면 치명적임), H330(흡입하면 치명적임), H315(피부에 자극을 일으킴), H318(눈에 심한 손상을 일으킴), H317(알레르기성 피부 반응을 일으킬 수 있음), H350(암을 일으킬 수 있음)

· **주요 노출 경로** : 옷

6. 테레빈(Turpentine oil, CAS 번호 : 8006-64-2)

· **특성** : 소나무의 송진 및 기름으로 만드는 강한 냄새가 나는 물질입니다. 주로 페인트 희석제, 왁스, 광택제 등에 사용합니다.

· **유해성** : 코, 목 등 호흡기관에 자극적일 수 있으며, 두통, 기침, 현기증 등을 유발할 수 있습니다. 반복적이거나 장기적으로 노출될 경우 신장, 방광, 중추신경 계통에 손상을 줄 수 있으며, 피부 알레르기 및 습진을 유발할 수 있습니다.

· **유해성 분류표시** : 없음

· **주요 노출 경로** : 색연필, 크레파스, 물감

7. 톨루엔(Toluene, CAS 번호 : 108-88-3)

· **특성** : 가정용 접착제, 매니큐어, 얼룩 제거제, 장난감 등에 사용되며, 새집증후군을 일으키는 대표적인 물질 중 하나입니다. 또한 휘발유, 자동차의 배기가스, 담배 연기 등에 함유되어 있을 수 있습니다.

· **유해성** : 중독성이 있어 톨루엔이 방출되는 공간에 오래 머무르면 머리가 아프고 어지러운 증상이 일어납니다. 특히 만성으로 노출될 경우에 뇌와 중추신경계통에 유해할 수 있으며, 아이가 흡입할 경우 기억 상실, 현기증까지 유발할 수 있습니다.

· **유해성 분류표시** : H304(삼켜서 기도로 유입되면 치명적일 수 있음), H315(피

부에 자극을 일으킴), H336(졸음 또는 현기증을 일으킬 수 있음), H361(태아
또는 생식능력에 손상을 일으킬 것으로 의심됨), H373(장기간 또는 반복 노출
되면 장기에 손상을 일으킬 수 있음)
- **주요 노출 경로** : 색연필, 크레파스, 물감, 장난감, 침구류, 가스레인지, 자동차

8. 트리클로산(Triclosan, CAS 번호 : 3380-34-5)

- **특성** : 화장품 및 세제 등에 세균 발육 저지제 및 보존제로 사용하며, 치약 등에
치아의 플라그(치태)를 감소시키는 항균제로 사용합니다. 이 밖에 항균 옷, 항균
신발, 항균 플라스틱 장난감 등 항균을 강조한 제품에 사용합니다.
- **유해성** : 피부 접촉 시 홍반, 부어오름, 수포 등의 접촉성 피부염을 유발할 수 있
으며, 눈에 접촉 시 눈 자극을 일으키고 염증 또는 각막을 손상시킬 수 있습니다.
- **유해성 분류표시** : H315(피부에 자극을 일으킴)
- **주요 노출 경로** : 치약, 세제, 옷, 화장품

9. 1,4-다이옥세인(1,4-Dioxane, CAS 번호 : 123-91-1)

- **특성** : 농약에 들어가는 성분이며, 페인트와 니스 제거제, 자동차 냉각제, 살충제
의 용매 안정제로 사용합니다. 또한 화장품이나 샴푸, 치약 등과 같은 위생용품
에서 우발적 부산물로 발견되기도 합니다.
- **유해성** : 피부에 자극적일 수 있으며, 피부를 통해 흡수되거나 삼킬 경우에는 독
성을 나타낼 수 있습니다.
- **유해성 분류표시** : 없음
- **주요 노출 경로** : 장난감, 색연필, 크레파스, 물감, 옷, 침구류

10. 오존(Ozone, CAS 번호 : 10028-15-6)

- **특성** : 상층에 있는 오존은 해로운 단파장의 자외선을 막아주는 역할을 수행하지
만, 지표 근처의 오존은 인간과 생태계에 나쁜 영향을 주는 해로운 물질입니다.
생활 속에서는 주로 프린터, 공기청정기, 세탁기 등 전기 · 전자 제품 사용 과정

에서 전기 방전이 일어날 때 발생합니다.

· **유해성** : 자극성과 산화력이 강해서 눈, 코 등 감각기관, 호흡기관에 영향을 줍니다. 고농도 노출 시에는 폐 기능을 약화할 수 있습니다.

· **유해성 분류표시** : 없음

· **주요 노출 경로** : 프린터, 공기청정기, 세탁기

3장

안전한 집
만들기 위한

 **필수 상식**

아이가 유해물질에
더 취약한 이유

1. 아이의 특성

아이가 성인보다 제품 속 유해물질에 민감한 이유는 아이가 보이는 신체 및 행동적 특성 때문입니다.

· 아이가 가지는 특성 ·

구 분	내 용
신체적 특성	· 아이는 성인과 비교하여 유해물질의 독성을 제거하는 능력이 떨어집니다. · 미성숙한 조직과 면역 체계 탓에 알레르기 반응성이 높습니다.
행동적 특성	· 기어 다니거나 손을 입에 넣는 행동으로 인해 더 쉽게 유해물질에 노출될 수 있습니다. · 엄마의 모유나 태반을 통해 아기에게 유해물질이 전달될 수 있습니다.

아이는 성인과 비교하여 호흡량이 많고(성인의 2배 이상), 위에서 흡수하는 속도도 빨라서 유해물질의 독성 영향이 더 클 수 있습니다. 또한 뇌, 뼈 등과 같은 조직 기관이 급속하게 변화하기 때문에 유해물질에 노출될 경우 치명적일 수 있습니다. 신체적으로 해독 능력이 약하여 몸속으로 유해물질이 들어와도 밖으로 내보내지 못하고 축적될 수 있습니다. 즉, 같은 시간 같은 농도의 유해물질에 노출되더라도 성인과 비교하여 더 큰 영향을 받게 됩니다.

일례로 2015~2017년 생식독성 물질인 프탈레이트의 소변 중 농도를 분석한 결과, 초등학생 48.7μg/L, 중고생 23.4μg/L, 성인이 23.7μg/L로 연령대가 낮을수록 농도가 높게 나타났습니다. 또한 내분비계 장애 물질인 비스페놀-A 또한 영유아 2.41μg/L, 초등학생 1.70μg/L, 중고생 1.39μg/L, 성인 1.18μg/L로 연령대가 낮을수록 농도가 높게 나타나는 경향을 보였습니다. 이들 유해물질은 신경계, 면역계 등 신체 내부 기관이 급속하게 성장하는 아이의 호르몬 작용을 방해하는 물질이기 때문에 더욱 주의해야 합니다.

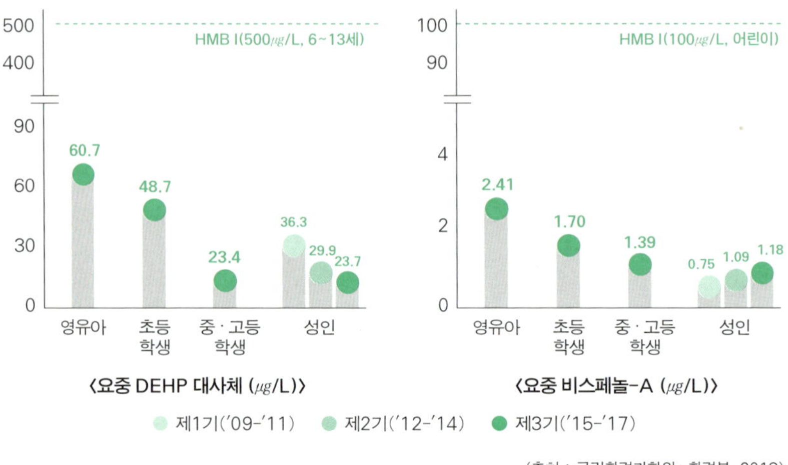

한편 장난감, 학용품 등 제품을 입에 넣고 빨거나 음식을 먹는 동시에 제품을 사용하는 등의 행동적 특성 때문에 아이에게 제품의 유해물질이 더 위험할 수 있습니다. 또한 동일한 유해물질이라도 우리 몸에 어떻게 들어오는지에 따라 유해성이 달라집니다. 아이에게 주로 이루어지는 구강 섭취는 피부 노출보다 유해물질의 체내 흡수율이 높아 독성이 더 큽니다. 유해물질의 독성 영향을 주로 구강 섭취 기준으로 측정하는 것 또한 그러한 이유입니다. 또한 어린아이는 바닥을 기어 다니거나 바닥 근처의 먼지를 들이마시는 일이 많아 유해물질의 몸속 노출 수준이 더 높을 수 있습니다.

2. 아이의 건강을 위협하는 주요 환경성 질환

환경성 질환은 생활 속에서 유해물질에 노출되어 인체 외부가 자극을 받거나 흡수 또는 축적되어 발생하는 질병을 말합니다. 환경성 질환 중 아이에게 나타날 수 있는 대표적인 질환은 아토피피부염, 천식, 알레르기성비염 등입니다.

우선 아토피피부염은 아이에게 흔히 발생하는 피부 질환으로 심한 가려움증과 피부 발진을 동반합니다. 연령에 따라 피부 증상이 나타나는 부위가 다르며, 증상 호전 후에도 다시 재발할 수 있어 관리가 필요합니다. 특히 폼알데하이드, 톨루엔 등 실내 공기 오염물질이나 진드기는 아토피피부염을 악화시키는 요인이므로 노출을 줄이는 것이 중요합니다.

천식은 알레르기성 질환으로 기침과 쌕쌕거림, 호흡곤란 등의 증상이 나타납니다. 아이의 경우 호흡곤란 없이 기침만 호소하는 경우가 많으며, 감기 등에 의해 악화될 수 있습니다. 호흡기 질환이기 때문에 외출 후에는 손 씻기, 양치질 등 개인 위생 관리를 철저히 하며, 감기가 유행하는 시기에는 예방접종을 받을 수 있도록 해야 합니다.

알레르기성비염은 아이와 성인 모두에게 흔한 질환으로, 반복적인 재채기, 맑은 콧물, 코 가려움 및 막힘 등의 증상이 나타납니다. 증상은 보통 아침에 심하고 오후에는 덜해지나 일정 기간 지속될 수도 있습니다. 알레르기성비염은 특히 진드기에 민감하므로, 이 질환을 가진 아이가 있는 가정에서는 진드기 제거 및 습도 관리에 주의를 기울여야 합니다.

국가에서는 아토피피부염, 천식, 알레르기성비염 등 어린이 환경성 질환의 예방 및 치유를 목적으로 하는 체험형 프로그램인 건강나누리캠프를 운영하고 있습니다. 2009년 시작된 이래 매년 무료로 전국 국립공원에서 4월부터 10월까지 실시합니다. 어린이 가족 대상으로 환경부 주관하에 환경보건센터 등 전문 의료 기관의 협조로 자연 체험 프로그램과 연계하여 진행합니다. 참가자들은 국립공원의 우수한 자연환경 속에서 동식물 관찰 숲길 걷기 같은 친환경 체험과 함께 전문 의료인으로부터 질환에 대한 진단과 상담을 받을 수 있습니다. 캠프 참가 신청과 관련하여 자세한 사항은 국립공원공단 홈페이지(http://www.knps.or.kr)에서 확인할 수 있습니다.

3. 어린이제품의 안전기준

어린이 생명·신체에 대한 위해 또는 재산상 피해를 방지하기 위하여 「어린이제품 안전 특별법」에 따라 어린이제품의 제조 또는 유통 등을 관리하고 있습니다. 어린이제품은 만 13세 이하의 어린이가 사용하거나 만 13세 이하의 어린이를 위하여 사용되는 물품 또는 그 부분품이나 부속품을 의미합니다. 어린이제품은 크게 안전인증대상어린이제품, 안전확인대상어린이제품, 공급자적합성확인대상어린이제품으로 분류되어 관리되고 있으며, KC 인증 표시가 있는지 꼭 확인하고 구매해야 합니다.

· **안전인증대상어린이제품 :** 구조·재질 및 사용 방법 등으로 인하여 어린이의 생명·신체에 대한 위해 또는 재산상 피해에 대한 우려가 크다고 인정되는 어린이제품 중에서 안전인증을 통하여 그 위해를 방지할 수 있다고 인정되는 제품입니다. 적용 제품은 어린이용 물놀이 기구, 어린이 놀이기구, 자동차용 어린이 보호 장치, 어린이용 비비탄 총입니다. 인증받은 제품에는 금색 색상의 KC 로고가 표시됩니다.

· **안전확인대상어린이제품 :** 구조·재질 및 사용 방법 등으로 인하여 어린이의 생명·신체에 대한 위해 또는 재산상 피해에 대한 우려가 크다고 인정되는 어린이제품 중에서 제품 검사로 그 위해를 방지할 수 있다고 인정되는 제품입니다. 적용 제품

은 유아용 섬유제품, 합성수지제 어린이제품, 어린이용 스포츠
보호용품(보호 장구 및 안전모), 어린이용 스케이트보드, 아동용
이단 침대, 완구, 유아용 의자, 어린이용 자전거, 학용품, 보행
기, 유모차, 유아용 침대, 어린이용 온열팩(주머니난로 포함), 유
아용 캐리어, 어린이용 스포츠용 구명복입니다. 확인받은 제품
에는 남색 색상의 KC 로고가 표시됩니다.

· **공급자적합성확인대상어린이제품** : 안전인증대상어린이제품
및 안전확인대상어린이제품을 제외한 어린이제품입니다. 적
용 제품은 어린이용 가죽 제품, 어린이용 안경테(선글라스 포함),
어린이용 물안경, 어린이용 우산 및 양산, 어린이용 바퀴 달린
운동화, 어린이용 롤러스케이트, 어린이용 스키 용구, 어린이
용 스노보드, 쇼핑 카트 부속품, 어린이용 장신구, 어린이용 킥
보드, 어린이용 인라인 롤러스케이트, 어린이용 가구, 아동용
섬유제품입니다. 확인받은 제품에는 남색 색상의 KC 로고가
표시됩니다.

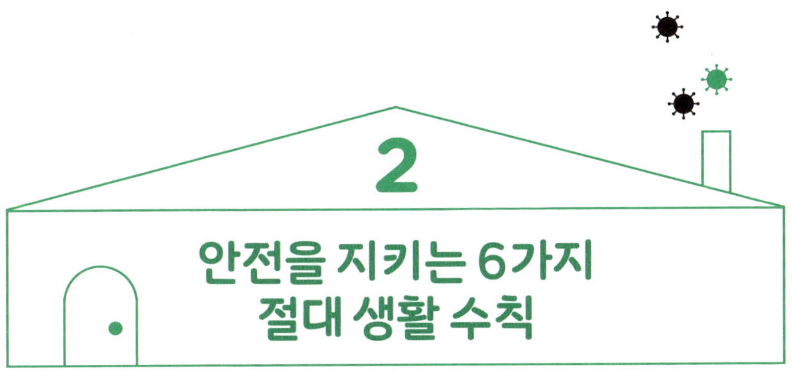

1. 청결 관리

정기적인 제품 세척과 집 청소를 통해 유해물질의 노출을 줄여야 합니다. 특히 장난감, 학용품 등 아이가 자주 사용하는 제품은 재질(플라스틱, 금속, 섬유 등)에 상관없이 구매 후 반드시 세척하여 사용해야 합니다. 유해물질이 원료로 사용되지 않았다고 하더라고 제품의 포장이나 유통 과정에서 불순물 형태로 포함될 수 있기 때문입니다. 침구류, 옷, 천 장난감 등 섬유제품은 사용하기 전과 평소 사용 과정에서 정기적으로 세탁 후 햇볕에 말리는 것이 좋습니다.

2. 환기

하루에 3회, 30분 이상 자연 환기를 통해 오염된 실내 공기를 내보내고, 깨끗한 공기를 실내로 끌어오는 것이 중요합니다. 환기하기 좋은 시간은 아침 10시부터 저녁 8시이며, 오염된 공기가 바닥에 깔리는 밤부터 새벽까지는 환기를 피하는 것이 바람직합니다. 환기는 되도록 대기 순환이 원활한 낮 시간대를 활용하는 것이 좋으나, 교통량이 많은 곳에 사는 경우 교통량이 적은 시간대를 선택하도록 합니다.

또한 미세먼지 나쁨 예보가 있을 때도 잠시 자연 환기를 하는 것이 바람직합니다. 자연 환기가 불가능한 때에는 기계식 환기 설비를 갖추고, 특히 음식 조리 시에는 레인지후드와 함께 창문을 열어 자연 환기를 하면 깨끗한 실내 공기 유지에 도움이 됩니다.

3. 성분 표시 확인

지속해서 인체에 접촉하는 제품은 최소한 어떤 성분들이 들어 있는지 확인하고 구매하는 습관이 필요합니다. 세제, 방향제, 살균제 등 액체류 또는 분사형 제품은 꼭 성분을 확인하고, 낯선 성분이 있을 때에는 유해성 등을 찾아보고 구매해야 합니다. 최근 휴대폰으로 정보 검색이 쉬운 환경에서는 제품에 표시된 성분의 유해성, 이슈 사항에 대한 정보를 손쉽게 얻을 수 있습니다. 또한 어린이 용품과 생활화학제품은 국가에서 의무적으로 유해물질의 함유 여부, 유해 우려 물질의 함유량을 제품 표면에 표시하도록 하고 있어 쉽게 확인할 수 있습니다.

특히 빈번하게 일어나는 가정 속 제품의 안전사고는 부주의로 인해 아이들이 세제, 살충제, 세정제 등 생활화학제품을 음용하는 것입니다. 이러한 안전사고가 발생할 때에는 제품의 성분 확인이 가능하도록 성분 표시 라벨이나 제품을 직접 가지고 병원에 방문하는 것이 좋습니다.

· 화학물질 정보 제공 ·

홈 페 이 지	설 명
화학물질정보시스템 (http://ncis.nier.go.kr)	화학물질 정보 검색 서비스, 유해화학물질 관리법 등 관련 법령에 대한 정보를 제공한다.
화학물질안전관리센터 (http://ccms.nier.go.kr)	사고 대비 화학물질 정보, 화학물질로 인한 사고 예방 및 대응에 관한 다양한 정보를 제공한다.
화학사고응급대응정보시스템 (http://ceis.nier.go.kr)	화학물질 및 화학제품 사용 시 발생하는 사고에 대처할 수 있는 응급 대응 정보를 제공한다.

4. 주의·경고·금지 사항 확인

　제품의 용기에 기재된 표시 사항을 숙지해야 하며, 가족에게 정확히 전달하여 제품의 유해성을 인지하도록 해야 합니다. 특히 아이는 제품을 올바르게 사용하는 데 어려움을 겪을 수 있어 보호자의 주의가 필요합니다. 제품의 유해물질에 대해 확인된 독성들은 주로 삼키거나 씹었을 경우인 만큼, 무엇보다 장난감 및 학용품 등 제품을 입으로 가져가지 않게 지도해야 합니다.

　또한 아이가 사용하는 제품은 연령대에 알맞은 제품을 구매하도록 하며, 아이가 사용 방법을 준수하여 사고를 예방할 수 있도록 지도해야 합니다. '독성 있음'으로 표시된 제품의 사용은 되도록 피하고, 부득이하게 해당 제품을 사용할 때에는 부주의로 인한 안전사고가 많은 만큼 아이의 손에 닿지 않는 곳에 보관할 필요가 있습니다.

5. 국가 인증 표시 확인

　생활 속에서 사용하는 제품의 안전성이나 유해물질 등 최소한 안전을 보장하기 위해 국가에서는 KC 인증 제도를 운영하고 있습니다. KC 인증 표시가 부착된 제품은 국가에서 인정하는 최소한의 안전기준을 준수하여 검증된 제품이기 때문에 안심하고 사용할 수 있습니다. 장난감이나 학용품 등 아이가 자주, 그리고 오래 사용하는 어린이제품을 살 때에는 KC 인증 표시를 반드시 확인해야 합니다. KC 인증 표시를 확인할 수 없거나 의심스러운 국가에서 제조된 제품은 피해야 합니다.

그리고 KC 인증과 더불어 국가에서 운영하는 친환경제품 제도인 환경표지 인증을 받은 제품을 구매하면 더욱 안전한 제품을 선택할 수 있습니다.

• 국가 인증 표시 •

구 분	표 시	설 명
KC 인증		제품을 판매하기 위해 반드시 받아야 하는 법적 강제 인증으로, 최소한의 안전, 보건, 환경, 품질이 확보된 제품에 인증한다.
환경표지 인증		국가에서 운영하는 친환경제품 인증으로, 다른 제품에 비해 인체 및 환경 유해물질 등 오염물질 배출이 적고, 자원과 에너지를 적게 소비하는 제품에 인증한다.
KS 인증		국가에서 운영하는 제품 품질 인증으로, 제품의 성능 측면에서 국가가 정하는 우수한 품질 기준을 충족하는 제품에 인증한다.

6. 일상 속 꾸준한 노력

제품을 오래 만지면 땀이 나면서 유해물질이 용출될 수 있기 때문에 아이가 장난감, 학용품 등 제품 사용 후에는 반드시 손을 깨끗하게 씻도록 지도해야 합니다. 아이의 실외 활동에 대해서도 교통량이 많은 도로 주변, 담배 연기가 있는 공간에서 오랜 시간 활동을 하지 않도록 주의해야 합니다. 특히 놀이터에서 오래된 놀이기구에 칠해져 있는 페인트나 고무 바닥재를 통해 중금속이 노출될 수 있어, 아이가 놀이터에서 돌아오면 반드시 밖에서 신발 털고 들어오기, 손 씻기, 양치질하기 등 청결한 생활 습관을 갖도록 지도하는 것이 중요합니다.

무심코 하루에 몇 번씩 받는 영수증에도 인체에 유해한 환경호르몬인 비스페놀-A가 포함되어 있는 것처럼, 아이뿐 아니라 성인도 유해성이 우려되는 물질의 접촉을 줄이기 위해 일상 속에서 꾸준히 노력해야 합니다.

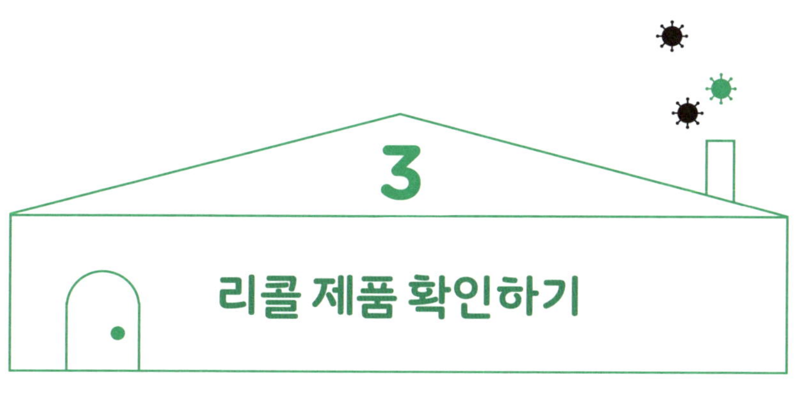

1. 리콜이란?

리콜은 물품의 결함으로 신체·재산상의 위해가 발생하거나 발생할 우려가 있을 경우, 해당 물품에 대하여 수리·교환·환급 등의 방법으로 소비자의 피해를 예방하기 위한 제도입니다. 즉, 결함 제품의 수거 등을 통해서 사고 발생을 미리 방지하고, 이미 발생한 손해의 확대를 막을 수 있는 사전 피해 예방 제도입니다.

· 리콜의 주요 형태 ·

구 분	내 용
수리	해당 제품의 부품 교환 등으로 결함의 완전한 시정이 가능
교환	결함이 없는 동종 또는 동등한 다른 제품과 교체
환급	결함 제품의 수리 또는 사용이 불가능할 때 구매 가격을 환불
파기	결함 제품에 대한 위해 요인 제거와 보관 비용 절감이 목적

국가에서 이루어지는 리콜 절차는 아래와 같으며, 리콜 정보는 제품안전정보센터를 통해 제공하는 것을 원칙으로 두고 있습니다. 하지만 해당 제품으로 인한 소비자의 위해 수준이 높다고 판단될 경우 보도 자료를 통해 제공되기도 합니다.

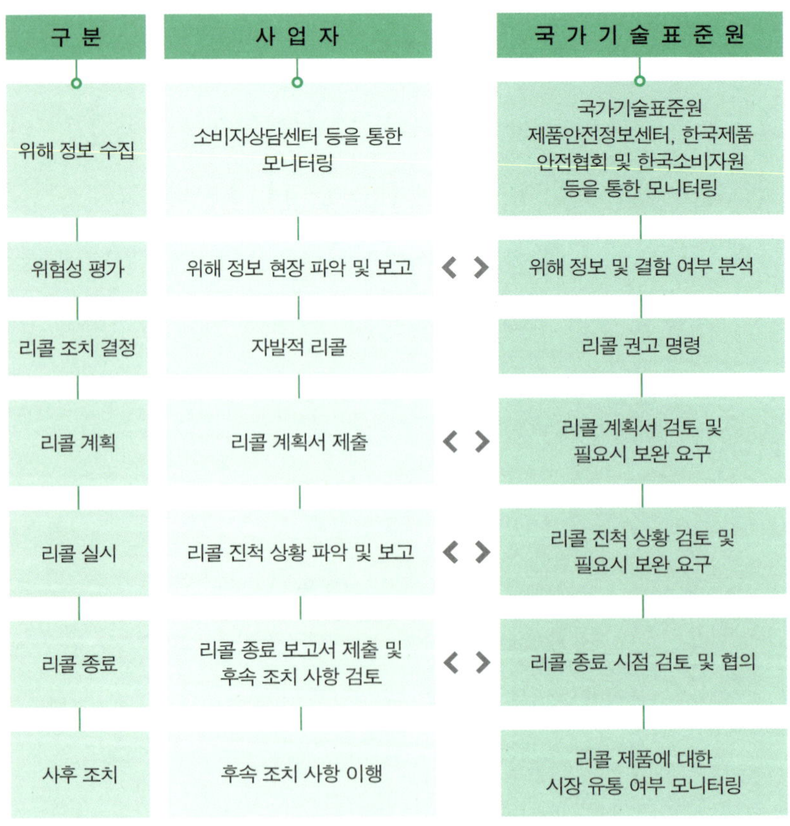

(출처 : http://safetykorea.kr)

한편 리콜 제도와 더불어 제조물 책임 제도를 운영하고 있습니다. 장난감, 선풍기 등 전기·전자 제품 및 생활용품을 살펴보면 '제조물 책임 배상보험 가입'이란 문구를 흔히 확인할 수 있습니다. 소비자가 제품의 결함으로 생명, 신체, 재산상의 손해를 입었다면 제조업자에게 고의 또는 과실이 없더라도 그 손해를 배상할 책임을 지도록 하는 제도입니다. 즉, 제조물 책임은 제품의 결함으로 인해 소비자에게 발생한 손해에 대해 제조업자가 배상을 해야 한다는 것을 의미합니다. 리콜 제도가 결함 제품 등을 미리 회수해서 전체 소비자의 위해를 방지하는 사전적 피해 예방 제도라고 한다면, 제조물 책임 제도는 결함 제품 등의 사용으로 인해 피해를 입은 소비자의 손해를 배상해주는 사후적 피해 구제 제도입니다.

2. 국가기술표준원 제품안전정보센터(http://safetykorea.kr)

국내를 비롯한 미국, 일본, 유럽연합 등에서 시행되는 리콜 정보와 더불어 국내 소비자의 피해 사례와 불만·불평 사례 정보를 제공하고 있습니다. 또한 제품 사고 발생 시 해당 제품 또는 유사 제품에 대한 사고 정보를 분석·제공해주고 있습니다.

우선 리콜 정보는 국내 제품과 국외 제품으로 구분하여 제공하

제품안전정보센터 홈페이지 화면

고 있습니다. 세부적으로는 제품 사진, 제품명, 제품 결함 및 위해 정보, 소비자 행동 요령, 리콜 문의처 등 정보를 제공합니다. 또한 제품 결함 및 사고 신고를 홈페이지(온라인 신고, 모바일 실시간 신고)를 통해 받고 있습니다. 신고 대상은 식품, 의약품, 의료 기기, 식기류, 자동차를 제외한 생활 제품이며, 일반적인 품질 불량 제품에 대한 불만 사례나 소비자 과실이 명백한 사고는 제외됩니다.

리콜은 다수의 소비자를 대상으로 실시하며, 제품의 결함이 발생하여 안전 등이 염려될 때에는 제조업자와 개별적으로 합의하기보다는 제품 결함 및 사고 신고를 하는 것이 좋습니다. 또는 한국소비자원, 소비자피해구제기관 등에 결함 사실을 알려서 다른 피해자도 구제받도록 하는 것이 바람직합니다.

3. 행복드림 열린소비자포털(http://www.consumer.go.kr)

실시간으로 상품별 리콜 정보를 제공함과 동시에 피해 구제 신청을 홈페이지를 통해 받고 있습니다. 크게 상품 안전 정보(상품 정보/리콜 정보/인증 정보)와 피해 구제/분쟁 조정 신청 부분으로 구성됩니다.

우선 상품 안전 정보 제공 서비스는 천만 건의 정보를 종합하여 소비자에게 제공하는 것으로, 소비자는 스마트폰으로 상품 바코드를 찍거나 상품명 등을 입력하여 정보를 조회할 수 있습니다. 또한 관심 있는 상품을 등록하면 향후 발생하는 리콜 정보에 대한 자동 알림 메시지를 받을 수도 있습니다.

피해 구제 신청 서비스는 모바일 앱이나 인터넷 포털 중에 이용하기 편한 방법을 선택하여 상담/피해 구제 신청을 처리할 수 있습니다. 이를 위한 피해 구제 기관은 한국소비자원, 한국의약품안전관리원, 한국소비자단체협의회, 질병관리본부, 한국의료분쟁조정중재원, 환경부, 광역지자체 소비생활센터 등 총 69개 기관입니다.

행복드림 홈페이지 화면

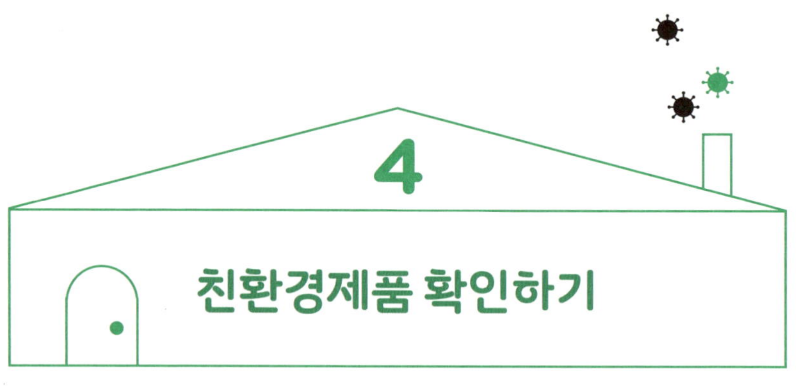

1. 친환경제품이란?

환경부에서는 친환경제품 인증으로 환경표지라는 국가 공인 제도를 운영하고 있습니다. 환경표지 제도는 제품을 생산, 소비, 폐기하는 전 과정에서 에너지와 자원의 소비를 줄이고, 인체 유해물질 등 오염물질을 최소화하는 제품을 선별해 환경표지를 부여하는 인증 제도입니다.

· 환경표지 표시 ·

표 시	설 명
친환경 환경부	환경표지는 푸른 나뭇잎이 동그란 형태로 감싸지는 형상으로 지구를 지키는 친환경제품을 나타냅니다.

(출처 : http://el.keiti.re.kr)

　환경표지는 원료 취득, 제조, 유통·사용·소비, 폐기, 재활용 등 제품의 전 과정에서 발생할 수 있는 환경성 요소를 모두 고려한 기준에 충족한 제품을 인증합니다. 환경성 기준은 크게 자원순환성 향상(자원 절약, 물 절약, 재활용성 향상 등), 에너지 절약, 지구환경오염 감소, 지역 환경오염 감소(대기·수계·토양 오염물질 배출 감소), 유해물질 감소(인체 유해물질 노출 감소 등), 생활 환경오염 감소, 소음·진동 감소로 구분됩니다. 또한 환경표지 인증 제품은 제품의 환경성뿐 아니라 한국산업안전표준(KS)에 준하는 품질성, 안전성 또한 갖춘 제품으로, 엄격한 서류와 현장 심사, 제품 시험 검사를 통해 인증이 부여됩니다.

· 어린이용 바닥 매트(발포 합성수지제 매트)**의 전 과정 단계별 환경성 항목 ·**

전 과정 단계	환경성 항목	환경 개선 효과
원료 취득	-	-
제조	사용 금지 물질	유해물질 사용 감소
유통 사용 소비	1-토실세미카바자이드 및 아조다이카본아마이드 사용 금지, 폼아마이드 및 다이메틸폼아마이드(DMF)	인체 유해물질 노출 감소
	알킬페놀에톡실레이트(APEOs) 및 알킬페놀류(APs)	인체 유해물질 노출 감소

전 과정 단계	환경성 항목	환경 개선 효과
유통 사용 소비	유해 원소	인체 유해물질 노출 감소
	프탈레이트	인체 유해물질 노출 감소
	발포제 *	오존층 파괴 물질 배출 감소
	섬유 · 가죽 원단 사용에 따른 유해 영향	인체 유해물질 노출 감소
	냄새	인체 유해물질 노출 감소
	VOCs, 톨루엔, 폼알데하이드	실내 공기 오염물질 배출 감소
	바닥 충격음 감소량	진동 감소
폐기	–	–
재활용	제품의 분리되는 부분의 재질 분류 표시	재활용성 향상

환경표지 인증 제품은 2020년 3월 기준 총 165개 제품군으로 건설용 자재, 사무용 기기, 산업용 제품뿐만 아니라 소비자가 쉽게 구매할 수 있는 주방 세제, 세탁 세제 · 섬유 유연제, 옷, 침구류, 침대, 가구, 세정제, 기저귀 등 다양한 생활용품이 있습니다.

다음은 마트에서 소비자가 쉽게 구매할 수 있는 제품 중심으로 환경표지 인증 제품이 다른 제품에 비해 어떠한 특성을 갖는지 정리한 항목입니다.

＊발포제 : 고무, 플라스틱 등 발포 고분자 제품을 제조할 때, 가열 또는 화학 반응으로 거품을 형성하는 물질.

· **주방 세제** : 제품의 구성 원료로 발암물질, 알킬페놀에톡실레이트 및 알킬페놀 유도체, 니트로계 향료 및 다환계 향료 등 유해물질 사용을 금지하고 있습니다.

· **가구** : 폼알데하이드 방출량, VOCs 방출량, 톨루엔 방출량, 니켈 방출량, 제품 표면 페인트의 유해 원소, 목재 방부제 등 유해 성분 관리를 통해 인체 유해물질 노출을 감소한 제품입니다.

· **놀이 매트(발포 합성수지제 매트)** : 제품의 구성 원료로 발암물질, 향료, 나노 물질 등 유해물질의 사용을 금지하고 있습니다. 또한 폼아마이드 및 다이메틸폼아마이드(DMF), 알킬페놀에톡실레이트 및 알킬페놀류, 프탈레이트 등 유해 성분 관리를 통해 인체 유해물질 노출을 감소한 제품입니다.

· **장난감** : 제품의 구성 원료로 발암물질, 향료, 나노 물질, 알레르기성 분산염료 및 발암성 염료, 형광증백제 등 유해물질의 사용을 금지하고 있습니다. 또한 알킬페놀에톡실레이트 및 알킬페놀류, 유기용제 점착제, 중금속 첨가제, 브롬화난연제 등 유해 성분 관리를 통해 인체 유해물질 노출을 감소한 제품입니다.

2. 친환경제품 확인하기

　환경표지 인증을 받은 친환경제품은 녹색제품정보시스템 (http://www.greenproduct.go.kr)을 통해 확인할 수 있습니다. 녹색제품정보시스템에서는 지역별, 용도별, 직업별, 장소별로 구분하여, 소비자가 보다 쉽게 친환경제품 정보를 검색할 수 있습니다. 친환경제품의 정보로는 제품명, 가격, 기업명, 규격, 연락처 등을 제공합니다. 친환경제품의 구매와 관련해서는 「녹색제품 구매촉진에 관한 법률」에 따라 일정 규모 이상의 대형 마트, 백화점, 편의점, 농산물 유통센터에서는 의무적으로 친환경제품을 판매하는 별도의 장소(진열대)를 설치하게 되어 있어 소비자는 비교적 쉽게 친환경제품을 찾아 구매할 수 있습니다.

　주로 매장의 친환경제품 판매 진열대에 다양한 환경표지 인증 제품을 모아서 판매하고 있으며, 진열대가 없는 경우에도 환경표지 인증 제품은 의무적으로 포장에 표시를 하도록 되어 있기 때문에 친환경제품 여부를 확인할 수 있습니다.

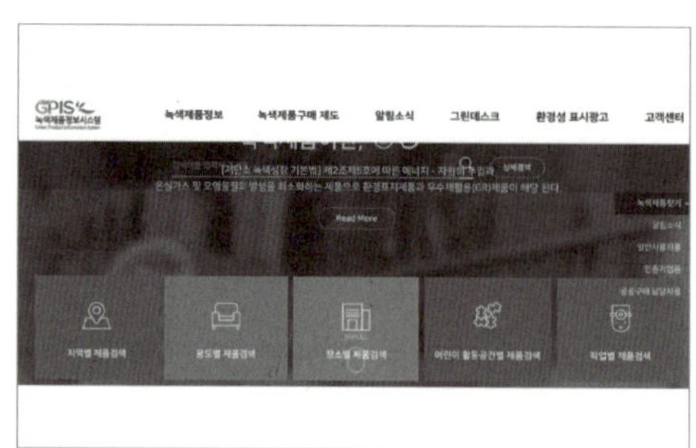

녹색제품정보시스템 홈페이지 화면

3. 친환경제품과 친환경농축산물 인증 제도 구분

친환경농축산물 인증과 친환경제품 인증의 차이를 정확하게 모르는 소비자들이 많습니다. 친환경제품과 친환경농축산물은 환경 보전과 소비자 안전이라는 제도의 취지는 같으나, 평가 방법과 요소에 큰 차이가 있습니다.

친환경농축산물은 환경을 보전하고 소비자에게 보다 안전한 농축산물을 공급하기 위해 유기합성 농약과 화학비료 및 사료 첨가제등 화학 자재를 전혀 사용하지 않거나, 최소량만을 사용하여 생산한 농축산물을 의미합니다. 친환경농축산물 인증은 친환경농산물 인증(유기농산물, 무농약농산물)과 친환경축산물 인증(유기축산물, 무항생제축산물)으로 구분합니다.

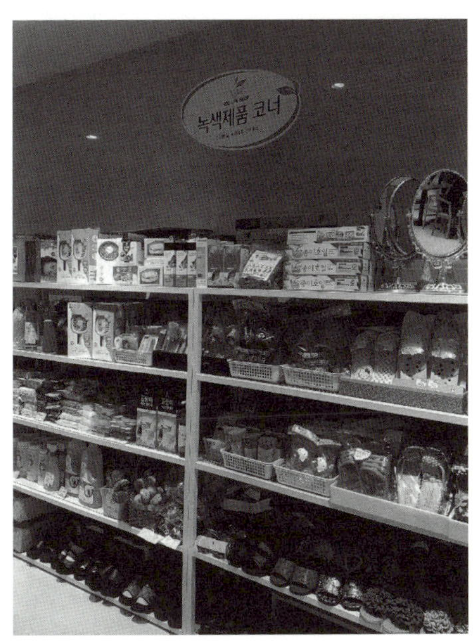

친환경제품 진열대

• 친환경농축산물 인증 개요 •

구 분		표 시	설 명
농산물	유기농산물	유기농산물 (ORGANIC) 농림축산식품부	유기합성 농약과 화학비료를 일체 사용하지 않고 재배
	무농약농산물	무농약 (NON PESTICIDE) 농림축산식품부	유기합성 농약을 일체 사용하지 않고, 화학비료는 권장 시비량의 1/3 이내 사용
축산물	유기축산물	유기축산물 (ORGANIC) 농림축산식품부	유기농산물의 재배·생산 기준에 맞게 생산된 '유기 사료'를 급여하면서 인증 기준을 지켜 생산
	무항생제축산물	무항생제 (NON ANTIBIOTIC) 농림축산식품부	항생제, 합성 항균제, 호르몬제가 첨가되지 않은 '일반 사료'를 급여하면서 인증 기준을 지켜 생산

(출처 : http://www.enviagro.go.kr)

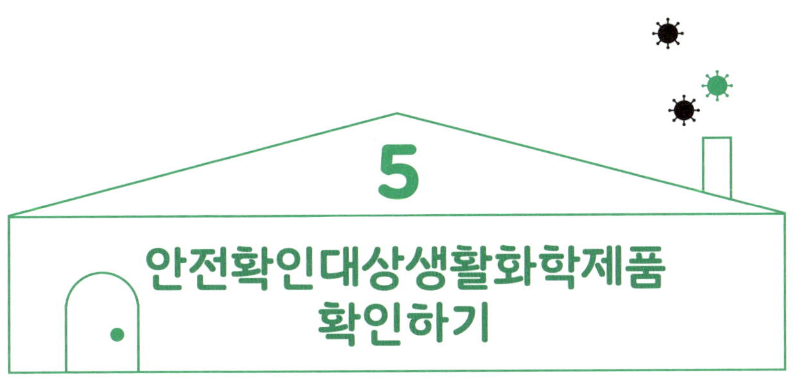

1. 안전확인대상생활화학제품 제도란?

가정, 사무실 등 일상 생활공간에서 사용하는 제품으로, 사람이나 환경에 화학물질의 노출을 유발할 가능성이 있는 제품 중 위해성이 있다고 인정된 생활화학제품에는 반드시 겉면 또는 포장에 제품에 사용된 화학물질, 안전기준 준수 사항 등을 표기하도록 하는 제도입니다.

안전확인대상생활화학제품으로는 세정 제품, 세탁 제품, 코팅 제품 등 2020년 3월 기준 35개 품목이 지정되어 있으며, 세부적인 생활화학제품을 알고 싶은 경우에는 생활화학안전정보시스템 초록누리(http://www.ecolife.me.go.kr)에서 확인할 수 있습니다.

안전확인대상생활화학제품을 표기한 제품은 국가에서 정한 안전기준을 준수하고 해당 내용을 표시하는 것인 만큼 매우 안전한 제품이라고 할 수 있습니다.

분 류	품 목
세정 제품	세정제, 제거제
세탁 제품	세탁 세제, 표백제, 섬유 유연제
코팅 제품	광택 코팅제, 특수 목적 코팅제, 녹 방지제, 다림질 보조제
접착 · 접합 제품	접착제, 접합제
방향 · 탈취 제품	방향제, 탈취제
염색 · 도색 제품	물체 염색제, 물체 도색제
자동차 전용 제품	자동차용 워셔액, 자동차용 부동액
인쇄 및 문서 관련 제품	인쇄용 잉크 · 토너
미용 제품	미용 접착제, 문신용 염료
살균 제품	살균제, 살조제, 가습기용 항균 · 소독 제제, 감염병 예방용 살균 · 소독제, 기타 방역용 소독 제제
구제 제품	기피제 , 보건용 구제 · 방지 · 유인 살충제, 보건용 기피제, 감염병 예방용 살충제, 감염병 예방용 살서제
보존 · 보존 처리 제품	목재용 보존제, 필터형 보존 처리 제품
기타	초, 습기 제거제, 인공 눈 스프레이

2. 안전확인대상생활화학제품 표시 사항

제품명, 용도, 제형, 제조연월, 유통기한, 중량 · 용량 · 매수, 표준 사용량, 효과 · 효능, 제품에 사용된 화학물질, 사용 방법, 사용상 주의 사항, 응급처치 등을 의무적으로 표시하도록 하고 있습니다.

안전확인대상생활화학제품 표시사항

신고번호: 0000　　　　　　　　　제품명:

품목:　　　　　　　　　　　　　　제형:

용도:　　　　　　　　　　　　　　유통기한:

제조연월:　　　　　　　　　　　　중량 · 용량 · 매수:

어는점:　　　　　　　　　　　　　표준사용량:

액성:

제조자, 주소, 연락처:

판매자, 주소, 연락처:

제조국명, 제조회사:

수입자, 주소, 연락처:

사용 물질

　　주요물질:　　　　　　　　　　신호어
　　보존제:
　　알레르기물질:　　　　　　　　그림문자
　　계면활성제:
　　기타물질:

사용 방법

①

사용상 주의 사항

①

응급처치

①

제품에 사용된 화학물질은 주요 물질, 보존제, 알레르기 반응 가능 물질, 계면활성제, 기타 물질 순으로 표시되어 있습니다. 화학물질의 명칭은 국립환경과학원 화학물질정보시스템에 등재된 물질명을 토대로 기재되어 있습니다.

우선 주요 물질은 제품의 상당 부분(최대 함량 등)을 구성하는 대표 물질이며, 보존제는 제품을 보존하기 위한 용도로 사용된 물질입니다. 또한 향료의 구성 물질로 제품에 0.01% 이상 사용된 경우에는 알레르기 반응 가능 물질을 반드시 기재하고 있습니다.

또한 안전확인대상생활화학제품은 사용상 주의 사항, 응급처치 등의 문구를 소비자가 직관적으로 이해할 수 있도록 제품 겉면 또는 포장에 그림 기호로 표시하고 있습니다. 생활화학제품을 이용하기 전에는 반드시 표준 사용량과 더불어 주의 사항, 응급처치 등을 숙지하여 가정에서 생활화학제품 사용에 따른 사고가 나지 않도록 주의가 필요합니다.

• 표시 사항 문구별 그림 기호 •

그림 기호	표시 사항	관련 문구
	사용상 주의 사항	어린이 손에 닿지 않는 곳에 보관하시오.
	사용상 주의 사항	내용물이 눈에 닿지 않도록 하시오.
	응급처치	• 눈에 들어갔을 때는 즉시 씻어내시오. • 눈에 들어갔을 때는 깨끗한 물로 씻고 이상이 있을 때 의사와 상의하시오
	응급처치	피부에 묻으면 다량의 물과 비누로 씻으시오.
	사용상 주의 사항	• 내용물이 눈이나 피부에 접촉되지 않도록 하시오. • 장갑 등 적절한 보호구를 착용하시오.
	응급처치	내용물을 먹거나 삼킨 경우 응급조치를 하고 즉시 의사와 상의하시오.
	사용상 주의 사항	사용 후 잔량은 잘못 사용될 우려가 있으므로 원래의 용기에 보관하시오.
	사용상 주의 사항	밀폐된 공간에서 사용시 환기를 충분히 하시오.
	사용상 주의 사항	용기를 항상 밀봉하여 보관하시오.

1. 환경 용어

이 책에서 다루었지만 세부적인 설명이 더 필요하거나 제품의 유해물질에 더 깊은 관심이 있는 독자라면 반드시 알아야 할 환경 용어를 중심으로 정리했습니다. 용어의 정의는 환경부 홈페이지와 화학물질정보시스템에서 제공하는 용어 사전을 토대로 작성했습니다.

· **가습기 살균제** : 가습기 내의 물에 첨가하여 미생물 번식과 물때 발생 예방을 목적으로 제조된 제제입니다. 당초 카펫 항균제 등의 용도로 출시된 화학물질(PGH, PHMG 등)이 가습기 살균제 원료 물질로 사용되었으며, 2009년부터 소비가 증가하면서 다수의 인명 피해가 발생했습니다. 주요 원료인 PGH, PHMG는 고분자물질, CMIT/MIT는 혼합물질 형태로 가습기 살균제 외에도 포장재, 화장품 등에 항균 및 방부 기능을 위해 사용되고 있습니다.

· **경구독성** : 입을 통한 섭취로 생채 내에 악영향을 유발하는 물질의 능력을 의미합니다. 경구 투여로 독성을 테스트하는 것을 경구독성시험(Oral toxicity test)이라고 합니다.

· **경피독성** : 피부에 접촉된 약물이 체내로 흡수되어 생체의 기능에 장해를 일으키거나 기관과 조직에 변화를 가져오는 독성을 의미합니다.

· **계면활성제** : 물에 녹기 쉬운 친수성 부분과 기름에 녹기 쉬운 친유성 부분을 둘 다 가지고 있는 탄화수소계 화합물로 두 물질의 경계(계면)를 완화시키는 역할을 합니다. 이런 특성 때문에 가정용 세제뿐 아니라 식품과 화장품의 유화제, 보습제 등으로 널리 사용하고 있습니다.

· **국민 환경보건 기초조사** : 국민의 인체 내 유해오염물질 노출 수준의 시공간적 분포 및 변화와 그 영향 요인을 체계적, 지속적으로 조사하는 것입니다. 인구, 사회경제학적 특성, 실내외 환경, 생활습관 등을 설문 조사, 혈액검사 5종, 일반화학검사 5종, 혈장단백검사 1종, 지질검사 4종, 내분비검사 4종을 통해 조사 분석하며 환경보건정책의 기초 자료로 활용합니다.

· **급성독성** : 화학물질을 시험동물에 1회 또는 24시간 안에 반복 투여하거나, 흡입될 수 있는 화학물질을 24시간 안에 1회 노출시켰을 때 1일 · 2주 안에 나타나는 독성을 의미합니다. 낮은 수준에서 장기간(수개월 또는 수년) 반복 노출되었을 때 건강상에 역효과를 보이는 만성독성과 구별됩니다.

· **독성시험** : 인체에 문제를 일으킬 가능성이 있는 의약품, 식품첨가물, 공업폐기물 등 화학물질의 안전성 평가 또는 한계(허용량)를 판단하기 위한 시험법을 총칭합니다.

· **만성독성** : 일반 독성의 하나로 검체를 시험동물에 반복 투여하여 장기간에 나타나는 독성을 의미합니다. 생물에 대한 독성이 단기간 동안 나타나지 않고 장기간 후에 나타나기 때문에 측정합니다.

· **물질안전보건자료** : 전 세계에서 시판되고 있는 화학물질의 특성을 설명한 자료로, 화학물질의 유해성, 응급조치 요령, 취급 방법 등을 상세하게 설명해주는 자료입니다. 국내에서는 「산업안전보건법」에 의하여 특정 화학물질을 사용하는 작업장에 비치하고, 화학물질을 양도 또는 제공하는 사업장에서 제공하도록 하고 있습니다.

· **미세플라스틱** : 1㎜ 미만의 작은 플라스틱으로 하수처리 시설에 걸러지지 않고 바다와 강으로 그대로 유입됩니다. 치약, 연마제, 각질 제거 세정제 등에 들어 있는 1차 미세플라스틱이 있고, 물속에 버려진 플라스틱이 시간이 지나면서 작게 분해된 2차 미세플라스틱이 있습니다. 미세플라스틱은 폴리에틸렌, 폴리프로필렌 등의 물질로 만들어지는데 이들 물질은 환경과 주위의 바닷물 중에 존재하는 합성 유기화합물을 표면에 흡착해 운반함으로써 독성을 가중시킵니다. 수중에 배출된 미세플라스틱은 수생태계를 교란할 뿐 아니라, 먹이사슬을 통해 수생생물의 몸에 축적되어 인간에게까지 도달할 수 있어 그 폐해가 우려되고 있습니다.

· **불순물** : 화학물질 중에 존재하고 있는 목적 이외의 화학종을 의미하며, 일반적으로 순물질 중에 끼어 있는 미량 혹은 소량의 성분을 가리킵니다. 제조 · 가공 과정에서 생산된 목적 물질 이외에 섞여 있는 물질을 의미합니다.

· **살생물질** : 사람과 동물을 제외한 모든 유해한 생물을 죽이거나 생물의 활동을 방해 · 저해하는 데 사용되는 물질입니다. 살균, 항균, 소독, 방부 등의 기능을 발휘하는 것으로, 비농업용으로 사용되는 방부제, 살충제, 소독제 등이 있습니다. 살생물물질, 살생물제라고도 합니다.

· **석면** : 자연계에서 산출되는 섬유상 규산염 광물을 총칭합니다. 절연성과 내연성이 뛰어나 국내에서 1970년 이후 건축자재, 브레이크라이닝 등 자동차 부품, 섬유제품 등에 본격적으로 사용되기 시작했습니다. 석면 섬유는 길이 5㎛ 이상, 길이대 직경의 비가 3:1 이상으로서, 호흡에 의하여 인체에 흡입될 경우 10~40년의 잠복기를 거쳐 악성중피종이나 폐암 등을 유발하는 것으로 보고되었습니다. 국제암연구소에서는 1987년에 석면을 1군 발암물질로 분류하였으며, 국내에서는 2009년부터 거의 모든 석면 제품의 제조, 수입과 사용이 금지되었습니다.

· **실내공기질** : 실내 공간 거주자의 건강과 평안에 영향을 주는 공기의 질입니다. 현대인은 하루 중 80~90% 이상의 많은 시간을 실내에서 생활하고 있어 실내공기질 문제가 환경 이슈가 되고 있습니다. 정부는 「실내공기질관리법」에 의해

건축물 내의 공기 중 이산화탄소, 일산화탄소, 폼알데하이드, 미세먼지(PM10), 이산화질소, 라돈, 미세먼지(PM2.5), 총부유 세균, 총휘발성 유기화합물, 곰팡이 등의 농도를 측정하고 규제하고 있습니다.

· **알레르기** : 면역반응 과민증으로 특정 물질에 대해 두드러기, 콧물, 기침 등 이상 반응을 일으킵니다. 침입해 온 이물질에 대하여 생체가 특이한 저항을 나타내는 기능을 면역이라고 하는데, 면역 시스템에 문제가 생겨 발생합니다.

· **위험노출기준** : 어떠한 피할 수 있는 손상이나 약영향 없이 30분 이내에 위험을 면할 수 있는 최대 농도를 의미합니다. 생명 또는 건강에 즉각적인 위험을 일으키는 농도치라고 할 수 있습니다.

· **유해성** : 사람의 건강과 환경에 좋지 않은 영향을 미치는 화학물질의 해로운 성질이나 특성을 말합니다. 화학물질 자체가 가진 독성 값을 의미합니다.

· **자극성** : 화학물질이 일시적 접촉, 또는 장기간이나 반복적으로 접촉하여 피부, 눈 또는 호흡기에 염증을 유발하거나 생물학적 조직을 파괴하는 성질을 말합니다.

· **중금속중독증** : 중금속의 독성이 배설되지 않고 체내에 쌓여 나타나는 증상입니다. 중금속은 금 등을 제외하고는 치명적인 독소를 가지고 있습니다. 중금속을 함유한 도료, 농약, 살충제 등이 환경에 방출되어 먹이연쇄에 따라 사람에게까지 이르게 되어 질병이 나타납니다. 대표적인 질환으로 카드뮴 농축에 의한 이타이이타이병과 수은 농축에 의한 미나마타병 등이 있습니다.

· **중추신경계** : 뇌와 척수 등 동물 신경계의 중추부를 의미하며, 말초신경계와 함께 동물의 행동을 제어하는 역할을 합니다. 척추동물의 중추신경계는 크게 뇌와 척수 두 가지로 나눌 수 있습니다.

· **진폐증** : 대기 중 미세먼지 등이 기관지를 거쳐 수년에 걸쳐 폐조직에 쌓여 호흡곤란을 일으키는 질병입니다. 규폐정(실리카), 석면폐증(석면), 탄광부진폐증(탄분진) 등으로 구분합니다. 기관지염, 객담, 천식, 호흡장애 등 증상이 나타나

고 폐결핵, 만성 기관지염, 결핵성 늑막염과 같은 합병증을 일으킵니다. 광산, 터널, 지하철, 댐, 채석업, 전기용접, 금속공업, 석면 광산 등에서 일하는 노동자들에게 많이 나타나며, 최근에는 미세먼지에 의해 많이 발생하고 있습니다.

· **총휘발성 유기화합물** : 여러 가지 종류의 휘발성 유기화합물(VOCs) 농도의 총합을 말합니다. 여기에는 벤젠, 톨루엔, 폼알데하이드, 자일렌, 스티렌 등 다양한 VOCs가 모두 포함됩니다. 대기 중에 휘발되어 악취나 오존을 발생시키며, 피부 접촉이나 흡입으로 신경계 장애를 일으킵니다. 페인트, 본드 등 건축자재에서 많이 발생되며, 새집증후군을 일으키는 주요 원인이 됩니다.

· **침묵의 봄** : 미국의 해양생물학자이며 작가인 레이첼 카슨의 환경에 관한 저서입니다. 유기염소계 농약인 DDT, BHC의 무서움을 과학적이면서도 감성 풍부한 필치로 묘사하여 자연보호와 환경 보전의 중요함을 인류에게 널리 인식시켜주었습니다.

· **플라스틱 공해** : 플라스틱 폐기물의 증가로 생겨난 인위적인 공해로, 대기오염·수질오염과 함께 제3의 산업공해로 불립니다. 플라스틱 폐기물은 땅에 묻어도 부패하거나 분해하지 않고 박테리아의 작용도 받지 않으며 소각하면 고열을 발하여 소각로를 손상시킬 뿐만 아니라 유해가스를 발생시키고 재이용 방법도 불충분하여 처리에 어려움이 많습니다. 태평양을 떠다니는 거대 플라스틱 섬들이 발견되고 수돗물에서 미세플라스틱이 발견되는 등 충격을 주고 있는 한편, 최근에는 생분해성 플라스틱과 플라스틱을 분해하는 효소 등 플라스틱의 처리를 위한 기술이 개발되고 있습니다.

· **피부자극시험** : 국소적으로 피부에 적용하는 연고제 등 피부 또는 피부 접촉 가능성이 있는 물질에 대한 자극성 시험을 말합니다. 실험동물로는 백색 토끼를 사용하여 약물 도포 후 나타나는 홍반, 가피 형상, 부종 형성을 접촉 부위에서 관찰하여 자극도를 판정하는 시험을 말합니다.

· **호르몬** : 내분비선으로부터 분비되어 표적기관에 신호를 전달하고 자극함으로써 신체의 생리적 기능을 조절하는 물질을 총칭하여 말합니다. 동물체 내의 특정한 선에서 형성되어 체액에 의하여 체내의 표적기관까지 운반되어 그 기관의 활동이나 생리적 과정에 특정한 영향을 미칩니다.

· **화학물질등록 및 평가법** : 신규 화학물질 또는 연간 1t 이상 제조·수입되는 기존 화학물질에 대해 유해성 심사를 의무화하는 것을 골자로 하는 법률로 2013년 5월 22일 제정되어 2015년 시행되었습니다. 화학물질의 등록, 화학물질 및 유해화학물질 함유 제품의 유해성·위해성에 관한 심사·평가, 유해화학물질 지정에 관한 사항을 규정하고, 화학물질에 대한 정보를 생산·활용하도록 함으로써 국민 건강 및 환경을 보호하는 것을 목적으로 합니다.

· **화학물질관리법** : 화학물질의 체계적인 관리를 목적으로 유해화학물질의 취급 기준을 강화하는 개정 법률로 2015년 1월 1일부터 시행되고 있습니다. 「화학물질관리법」은 유독물질, 허가제한 금지물질, 사고대비물질 등을 유해화학물질로 규정·관리합니다. 내용은 화학물질에 대한 통계조사 및 정보 체계 구축, 유해화학물질 취급 및 설치 운영 기준 구체화 등의 안전 관리 강화, 화학 사고 장외영향 평가제도, 사고대비물질 관리 강화, 화학 사고 발생시 즉시 신고 의무 부여 등 화학사고 대비 대응 등으로 이루어져 있습니다.

· **환경보건** : 환경오염과 유해화학물질(환경유해인자)이 사람의 건강과 생태계에 미치는 영향을 조사·평가하고 이를 예방·관리하는 것을 말합니다. 우리나라에서 환경보건 문제가 본격적으로 등장한 것은 2000년대 이후로 환경호르몬, 아토피, 새집증후군 등 신종 환경성질환이 사회적 이슈가 되면서입니다. 관련 정책으로는 2006년 '환경보건 10개년 종합계획(2006~2015)'의 수립, 2006년 2월 환경성질환 연구를 주도하는 '국가환경보건센터' 발족, 2007년 6월부터 국공립 연구기관, 대학교, 종합병원 등을 '환경보건센터'로 지정, 2008년 3월 「환경보건법」 제정, 2011년 '환경보건종합계획' 수립 등을 들 수 있습니다.

· **환경생태독성** : 화학물질이 담수나 해수에 서식하는 어류, 조류 및 물벼룩 등 수생동식물과 식물 등에 일시적 또는 장기적으로 노출되는 경우에 나타나는 독성을 말합니다.

· **황사현상** : 바람에 의해 하늘 높이 올라간 미세한 모래먼지가 대기 중에 퍼져서 하늘을 덮었다가 서서히 떨어지는 현상을 말합니다. 황사에는 마그네슘, 규소, 알루미늄, 철, 칼륨, 칼슘 같은 산화물이 포함되어 있습니다. 우리나라에 불어오는 황사의 주요 발원지는 중국과 몽골의 사막지대(타클라마칸, 고비사막 등)와 황하 중류의 황토지대로 편서풍을 타고 주로 봄철에 발생합니다. 중국 서북 지대의 사막화의 확대로 황사의 규모와 횟수가 급격히 증가 추세에 있습니다. 황사에 노출되면 기관지염, 천식 등 호흡기 질환, 눈병, 심혈관 질환을 앓을 수 있습니다.

· **흡입독성시험** : 기체, 휘발성 물질, 증기 및 에어로졸 물질을 함유하고 있는 공기를 실험동물에 흡입 투여하여 나타나는 독성을 검사하는 시험을 말합니다.

2. 유용한 환경 사이트

국가 또는 환경·소비자단체 등에서는 국민의 건강 보호 및 환경보건을 위해 다양한 환경 정보를 제공하고 있습니다. 제품의 유해물질 노출을 줄이는 데 도움을 주는 사이트를 정리했습니다.

· **초록누리**(http://ecolife. me.go.kr) : 일상생활에서 사용하는 화학제품과 제품에 함유되어 있는 화학물질의 유해성 정보를 제공하고 있습니다. 또한 환경오염물질 배출 시설 위치 정보와 시설 통계자료를 제공하여 어린이집, 경로시설 등 민감 계층 이용 시설 주변의 배출 시설 위치를 확인할 수 있습니다.

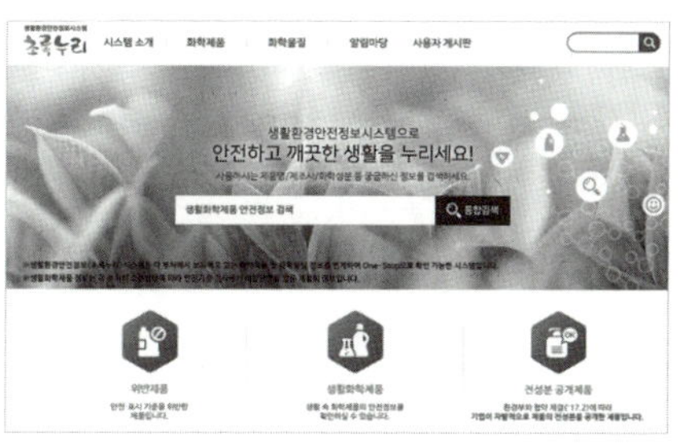

초록누리 홈페이지 화면

· **환경교육포털사이트**(http:// www.keep.go.kr) : 유아환경교육관, 푸름이 이동환경교실, 층간소음 예방 교육 등 국가환경교육사업을 소개하고 신청 서비스를 제공하고 있습니다. 또한 환경교육과 관련된 정책, 통계, 자료집 등 다양한 정보를 제공하고 있습니다.

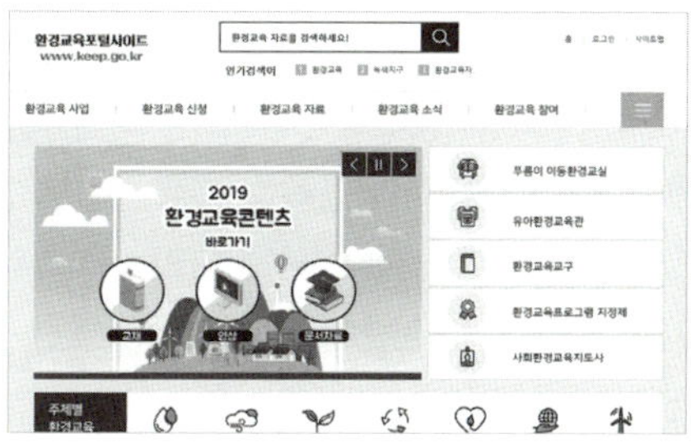

환경교육포털사이트 홈페이지 화면

· 케미스토리(http://www.
chemistory.go.kr) : 어린이
의 환경과 보건에 대해 바른 이해
를 도울 수 있도록 온라인 교육과
정 운영, 뉴스레터 및 멀티미디어
자료 등을 제공하고 있습니다.

케미스토리 홈페이지 화면

· 화학물질정보시스템(http://
ncis.nier.go.kr) : 4만 5000
여 개의 화학물질 기본 정보, 유해
화학물질 분류 표시 및 시험 자료,
용어 사전, 최근 관련 법률 개정 고
시 동향 등의 정보를 통합하여 제
공하고 있습니다.

화학물질정보시스템 홈페이지 화면

· 환경정보공개시스템(http://
env-info.kr) : 환경 영향이 큰
국내 주요 기업 및 공공기관의 환
경오염물질 배출량 등 환경 정보
를 공개하고 있습니다. 특히 일반
국민 등 사용자가 쉽게 확인할 수
있도록 환경 정보를 업종별 · 지역

환경정보공개시스템 홈페이지 화면

별 · 연도별로 비교 · 분석하여 제공합니다.

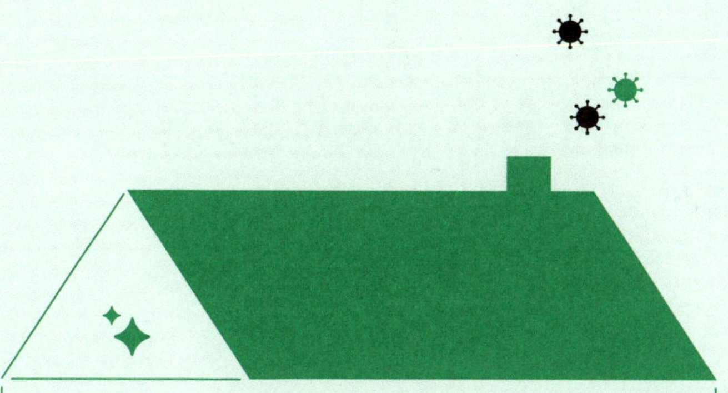

1. 우리 집 안전 체크리스트 (장소별/상황별)

2. 중점관리물질 목록 (204개)

3. 국가 인증 친환경제품 목록 (165개)

1. 장소별 체크리스트

(1) 아이 방 (10개)

체 크 사 항	점 검 결 과
· 페인트가 벗겨지거나 젖은 천으로 문질렀을 때 색이 묻어나는 장난감과 학용품을 사용하지 않는다.	
· '주의', '경고', '위험' 표시가 되어 있지 않고, 권장 사용 연령에 맞는 장난감과 학용품을 사용한다.	
· 천 재질의 장난감을 적어도 1개월에 한 번씩 세척한다(세척이 안 될 경우 용기에 담아 1개월에 한 번씩 4시간 이상 냉동실에 넣어둔다).	
· 놀이 매트 위에 천연 면 소재의 침구류를 깔아준다.	
· 부서진 가루가 묻어나거나 폼알데하이드가 첨가된 침구류는 사용하지 않는다.	
· 표면이 벗겨진 놀이 매트와 침대 매트리스를 사용하지 않는다.	
· 베개는 1주일에 한 번씩, 이불과 침대 커버는 2주일에 한 번씩 세탁한다.	

체 크 사 항	점 검 결 과
· 컴퓨터와 프린터는 열이 나오는 부분과 얼굴이 마주 보지 않도록 설치하며, 프린터를 사용할 때에는 창문을 조금이라도 열어둔다.	
· 아이 방의 온도(18~26℃)와 습도(40~60%)를 적절하게 유지한다.	
· 반려동물을 키우는 가정에서는 반려동물을 침대에서 재우지 않고, 진드기 불투과성 천으로 된 침대 커버를 씌운다.	

(2) 주방 (10개)

체 크 사 항	점 검 결 과
· 아이의 음식 용기는 영유아용으로 표시된 용기를 사용한다.	
· 수분 또는 기름기가 많은 음식을 담을 때는 플라스틱제 음식 용기를 사용하지 않는다.	
· 전자레인지로 음식을 가열할 때에는 전자레인지 전용 용기를 사용한다.	
· 물티슈는 개봉 후 3개월 이내로 빨리 사용하며, 피부 질환이 있는 부위나 눈 주위에 사용하지 않는다.	
· 채소와 과일을 세척할 때에는 1종 주방 세제를 사용하며, 주방 세제의 용액에 5분 이상 담그지 않는다.	
· 주방 세제를 사용할 때에는 고무장갑이나 비닐장갑을 착용한다.	
· 음식 용기를 세척한 후에는 엎어서 말린다.	
· 가스레인지로 요리를 하는 동안에는 공기청정기를 꺼둔다.	

체 크 사 항	점 검 결 과
· 가스레인지를 이용할 때에는 레인지후드를 가동하고 창문을 살짝 열어둔다.	
· 구이나 튀김 요리가 끝난 후에는 최소 30분 이상 레인지후드를 켜 둔다.	

(3) 욕실 (10개)

체 크 사 항	점 검 결 과
· 치약을 사용할 때 물을 묻히지 않고 바로 양치한다.	
· 양치할 때에는 샤워헤드에서 나오는 물로 입을 헹구지 않는다.	
· 가글액을 사용한 후에는 30분 동안은 음식을 먹지 않는다.	
· 욕실 세정제를 락스 등 다른 세정제와 혼합하여 사용하지 않는다.	
· 욕실 세정제 분무 시에는 눈에 들어가지 않도록 조심하며, 얼굴 위로 높게 뿌리지 않는다.	
· 욕실 세정제, 세탁 세제·섬유 유연제는 아이들의 손이 닿지 않는 곳에 보관하고, 위험한 물건임을 알려주어 만지지 않도록 한다.	
· 욕실 세정제, 세탁 세제·섬유 유연제를 사용할 때에는 고무장갑이나 비닐장갑을 착용한다.	
· 욕실 세정제, 세탁 세제·섬유 유연제를 구매할 때에는 안전확인대상생활화학제품 표시를 확인하고 구매한다.	
· 아이 옷은 1회 세척(헹굼 1회 포함) 후 헹굼 기능을 1회 더 사용하여 세탁한다.	
· 방향제·향초를 사용 시에는 창문을 개방하거나 주기적으로 환기한다.	

(4) 외출 (10개)

체 크 사 항	점 검 결 과
· 햇빛이 강한 날은 아이가 놀이터를 이용하지 않도록 한다.	
· 아이가 고무 바닥재가 훼손된 놀이터를 이용하지 않도록 한다.	
· 아이가 지하 주차장에 오랜 시간 있지 않도록 한다.	
· 아이가 담배 연기가 많은 곳에 가까이 가지 않도록 한다.	
· 아이가 교통량이 많은 도로 주변에서 오랜 시간 있지 않도록 한다.	
· 미세먼지 농도가 높은 날에는 의약외품으로 허가된 보건용 마스크를 착용한다.	
· 주유소에 있는 시간을 최대한 줄이고, 주유소 이용 시에는 자동차 문과 창문을 닫는다.	
· 자동차 내부의 온도를 23~24℃로 유지한다.	
· 아이가 타는 자동차는 에어컨과 히터를 주기적으로 교체한다.	
· 카드 영수증을 오래 손에 쥐거나 보관하지 않으며, 카드 영수증을 만지고 나서 식사 전에는 반드시 손을 씻는다.	

2. 상황별 체크리스트

(1) 아이가 피부 질환이 있을 때 (20개)

체 크 사 항	점검결과
· 아이 방의 온도(18~26℃)와 습도(40~60%)를 적절하게 유지한다.	
· 베개는 1주일에 한 번씩, 이불과 침대 커버는 2주일에 한 번씩 세탁한다.	
· 침대 매트리스는 1개월에 한 번씩 진공청소기를 이용하여 표면에 묻은 먼지를 간단히 제거한다.	
· 옷을 입힐 때에는 헐렁하게 입히고, 몸을 조이는 옷을 입히지 않는다.	
· 면으로 된 옷과 침구류를 사용한다.	
· 새 옷과 침구류는 반드시 세탁하여 햇볕에 말린 후 사용한다.	
· 가구 안에서 오래 보관한 옷과 침구류는 세탁하여 햇볕에 말린 후 사용한다.	
· 아이의 세탁 세제 · 섬유 유연제를 구매할 때에는 안전확인대상생활화학제품 표시를 확인하고 구매한다.	
· 드라이클리닝 제품보다는 손세탁이 가능한 옷을 구매하며, 드라이클리닝한 옷을 찾아오면 비닐을 벗기고 최소 1시간 이상 밖에 널어둔다.	
· 천 재질의 장난감은 적어도 1개월에 한 번씩 세척한다(세척이 안 될 경우 용기에 담아 1개월에 한 번씩 4시간 이상 냉동실에 넣어둔다).	
· 아이 옷은 1회 세척(헹굼 1회 포함) 후 헹굼 기능을 1회 더 사용하여 세탁한다.	
· 화학 냄새가 적은 옷을 구매한다.	

<table>
<tr><th>체 크 사 항</th><th>점 검 결 과</th></tr>
<tr><td>· 가구 표면에 금속 재질이 적은 제품을 구매하며, 가구의 금속 표면 위에는 셀로판테이프나 시트지를 붙여놓는다.</td><td></td></tr>
<tr><td>· 물티슈는 개봉 후 3개월 이내로 빨리 사용하며, 피부 질환이 있는 부위나 눈 주위에 사용하지 않는다.</td><td></td></tr>
<tr><td>· 반려동물을 키우는 가정에서는 반려동물을 침대에서 재우지 않고, 진드기 불투과성 천으로 된 침대 커버를 씌운다.</td><td></td></tr>
<tr><td>· (유아에 해당 시) 아이 기저귀 위에 몸을 조이는 내의나 옷을 입히지 않는다.</td><td></td></tr>
<tr><td>· (유아에 해당 시) 물로 아이의 몸을 씻어준 후에는 최소 15분 이상 말리고 기저귀를 입힌다.</td><td></td></tr>
<tr><td>· (유아에 해당 시) 아이가 설사 증상이 있으면, 평소보다 기저귀를 자주 갈아준다.</td><td></td></tr>
<tr><td>· (유아에 해당 시) 자동차에서 오랜 시간 카시트 벨트로 아이의 기저귀를 조이지 않는다.</td><td></td></tr>
<tr><td>· (유아에 해당 시) 아이의 기저귀 보관은 습한 곳을 피하고, 다른 제품과 섞이지 않도록 별도의 서랍장에 보관한다.</td><td></td></tr>
</table>

(2) 아이가 호흡기 질환이 있을 때 (20개)

<table>
<tr><th>체 크 사 항</th><th>점 검 결 과</th></tr>
<tr><td>· 하루에 3회, 30분 이상 창문을 열어 환기한다.</td><td></td></tr>
<tr><td>· 미세먼지 농도가 높은 날이라도 공기청정기를 켠 상태에서 1회당 5분 이내로 환기한다.</td><td></td></tr>
<tr><td>· 집 안의 공기가 탁한 날에는 진공청소기보다는 물걸레 청소를 한다.</td><td></td></tr>
</table>

체 크 사 항	점 검 결 과
·아이 방의 온도(18~26℃)와 습도(40~60%)를 적절하게 유지한다.	
·부서진 가루가 묻어나거나 폼알데하이드가 첨가된 침구류는 사용하지 않는다.	
·놀이 매트 위에 천연 면 소재의 침구류를 깔아준다.	
·니트 소재의 옷을 입히지 않는다.	
·드라이클리닝 제품보다는 손세탁이 가능한 옷을 구매하며, 드라이클리닝한 옷을 찾아오면 비닐을 벗기고 최소 1시간 이상 밖에 널어둔다.	
·접착제가 있는 제품(스티커 등)이나 향기가 강한 장난감과 학용품은 사용하지 않는다.	
·컴퓨터와 프린터는 열이 나오는 부분과 얼굴이 마주 보지 않도록 설치하며, 프린터를 사용할 때에는 창문을 조금이라도 열어둔다.	
·밀폐된 공간(방, 욕실, 자동차)에서 방향제와 향초를 사용하지 않는다.	
·반려동물을 키우는 가정에서는 반려동물을 침대에서 재우지 않고, 진드기 불투과성 천으로 된 침대 커버를 씌운다.	
·가스레인지의 불꽃이 정상인지 규칙적으로 확인하고, 정기적으로 가스 밸브를 점검한다.	
·가스레인지를 이용할 때에는 레인지후드를 가동하고 창문을 살짝 열어둔다.	
·(외출 시) 햇빛이 강한 날은 아이가 놀이터를 이용하지 않도록 한다.	
·(외출 시) 미세먼지 농도가 높은 날에는 의약외품으로 허가된 보건용 마스크를 아이에게 착용시킨다.	
·(외출 시) 아이가 담배 연기가 많은 곳에 가까이 가지 않도록 한다.	

체 크 사 항	점 검 결 과
· (외출 시) 아이가 교통량이 많은 도로 주변에서 오랜 시간 있지 않도록 한다.	
· (외출 시) 아이가 지하 주차장에 오랜 시간 있지 않도록 한다.	
· (외출 시) 주유소에 있는 시간을 최대한 줄이고, 주유소 이용 시에는 자동차 문과 창문을 닫는다.	

(3) 집에 임산부가 있을 때 (20개)

체 크 사 항	점 검 결 과
· 침실의 온도(18~26℃)와 습도(40~60%)를 적절하게 유지한다.	
· 부서진 가루가 묻어나거나 폼알데하이드가 첨가된 침구류는 사용하지 않는다.	
· 표면이 닳아 제품 속 안감이 보이는 침대 매트리스를 사용하지 않는다.	
· 드라이클리닝 제품보다는 손세탁이 가능한 옷을 구매하며, 드라이클리닝한 옷을 찾아오면 비닐을 벗기고 최소 1시간 이상 밖에 널어둔다.	
· 수분 또는 기름기가 많은 음식을 담을 때는 플라스틱제 음식 용기를 사용하지 않는다.	
· 전자레인지로 음식을 가열할 때에는 전자레인지 전용 용기를 사용한다.	
· 뚜껑이 볼록한 통조림 음식을 구매하지 않는다.	
· 채소와 과일을 세척할 때에는 1종 주방 세제를 사용하며, 주방 세제의 용액에 5분 이상 담그지 않는다.	

체 크 사 항	점 검 결 과
· 가스레인지를 이용할 때에는 레인지후드를 가동하고 창문을 살짝 열어둔다.	
· 컴퓨터와 프린터는 열이 나오는 부분과 얼굴이 마주 보지 않도록 설치하며, 프린터를 사용할 때에는 창문을 조금이라도 열어둔다.	
· 양치할 때에는 샤워헤드에서 나오는 물로 입을 헹구지 않는다.	
· 밀폐된 공간(방, 욕실, 자동차)에서 방향제와 향초를 사용하지 않는다.	
· 수은이 포함된 제품(건전지 등)을 되도록 구매하지 않으며, 사용 시에는 파손되지 않도록 주의한다.	
· (외출 시) 미세먼지 농도가 높은 날에는 의약외품으로 허가된 보건용 마스크를 착용한다.	
· (외출 시) 주유소에 있는 시간을 최대한 줄이고, 주유소 이용 시에는 자동차 문과 창문을 닫는다.	
· (외출 시) 자동차 내부의 온도를 23~24℃로 유지한다.	
· (외출 시) 담배 연기가 많은 곳에 가까이 가지 않는다.	
· (외출 시) 교통량이 많은 도로 주변에서 오랜 시간 있지 않도록 한다.	
· (외출 시) 세탁소 출입을 하지 않는다.	
· (외출 시) 카드 영수증을 오래 손에 쥐거나 보관하지 않으며, 카드 영수증을 만지고 나서 식사 전에는 반드시 손을 씻는다.	

사람 또는 동물에게 암, 돌연변이, 생식능력 이상 또는 내분비계 장애를 일으키거나 일으킬 우려가 있는 물질을 국가에서 심의를 거쳐 중점관리물질로 지정하여 관리하고 있습니다. 이 책에서 제시한 생활 속 유해물질 또한 대부분 중점관리물질에 포함됩니다. 액체형 또는 분사형의 생활화학제품(특히 해외 제품)을 구매할 때 제품 성분 표시 중 낯선 성분이 아래에 제시된 화학물질에 해당하는지 확인하고 구매하는 것이 바람직합니다.

(알파벳순)

순번	화학물질명(영문)	화학물질명(한글)	CAS 번호
1	a-chlorotoluene	α-클로로톨루엔	100-44-7
2	Acrylamide	아크릴아미드	79-06-1
3	Acrylonitrile	아크릴로니트릴	107-13-1
4	ammonium dichromate	중크롬산암모늄	7789-09-5
5	Aniline	아닐린	62-53-3
6	Arsenic acid copper salt	비소화합물질	10103-61-4

순번	화학물질명(영문)	화학물질명(한글)	CAS 번호
7	Arsenic hydride	삼수화비소	7784-42-1
8	Arsenic sulfides	삼황화비소	1303-33-9
9	Arsenic(Inorganic metal)	비소	7440-38-2
10	Asphalt, oxidized	–	64742-93-4
11	Barium chromate	크롬산바륨	10294-40-3
12	Benzene	벤젠	71-43-2
13	benzene-1,2,4-tricarboxylic acid 1,2-anhydride	–	552-30-7
14	benzo(def)chrysene	–	50-32-8
15	Benzothiazole-2-thiol	–	149-30-4
16	Benzoyl chloride	염화벤조일	98-88-4
17	Benzyl butyl phthalate	벤질뷰틸 프탈산	85-68-7
18	bis(2-ethylhexyl) phthalate	비스(2-에틸헥실) 프탈레이트	117-81-7
19	bis(2-methoxyethyl) ether	–	111-96-6
20	bis(pentabromophenyl) ether	비스(펜타브로모페닐) 에테르	1163-19-5
21	Boric acid	–	10043-35-3
22	Boric acid	–	11113-50-1
23	Boron sodium oxide (B4Na2O7), pentahydrate	–	12179-04-3
24	C,C′-Azodi(formamide)	아조다이카본아미드	123-77-3
25	C.I. basic blue 026	–	2580-56-5
26	C.I. pigment green 13	안료 그린 13	148092-61-9
27	C.I. pigment yellow 035	카드뮴아연황화물황색	8048-07-5
28	C.I. Pigment Yellow 36	안료 황색 36	37300-23-5
29	cadmium di(octanoate)	옥탄산카드뮴	2191-10-8
30	cadmium dioleate	–	10468-30-1

31	Cadmiuwm oxide	카드뮴산화물	1306-19-0
32	Cadmium sulfate	황산카드뮴	10124-36-4
33	cadmium sulphide	카드뮴황화합물	1306-23-6
34	cadmium zinc sulphide	카드뮴아연황화물	12442-27-2
35	Cadmium(Inorganic metal)	카드뮴	7440-43-9
36	Calcium chromate	칼슘크롬산	13765-19-0
37	Calcium dichromate	칼슘디크롬산	14307-33-6
38	carbon disulphide	이황화 탄소	75-15-0
39	Carbon monoxide	일산화탄소	630-08-0
40	carbon tetrachloride	사염화 탄소	56-23-5
41	Chloroethane	클로로에탄	75-00-3
42	chloroethylene	클로로에틸렌	75-01-4
43	Chloroform	클로로포름	67-66-3
44	Chloromethyl methyl ether	클로로메틸 메틸 에테르	107-30-2
45	chromic acid	–	7738-94-5
46	Chromic acid (H2Cr2O7), sodium salt, hydrate (1:2:2)	디크롬산나트륨수화물 (Sodium dichromate dihydrate)	7789-12-0
47	Chromic acid (H2CrO4), chromium(3+) salt (3:2)	크롬산 (H2CrO4), 크로뮴(3+) 염	24613-89-6
48	Chromium oxide	크로뮴산화물	11118-57-3
49	chromium trioxide	무수 크롬산	1333-82-0
50	cobalt carbonate	–	513-79-1
51	cobalt di(acetate)	코발트 다이아세테이트	71-48-7
52	cobalt dichloride	–	7646-79-9
53	cobalt dinitrate	–	10141-05-6
54	Cobalt metal with Tungsten carbide	–	7440-48-4

55	cobalt sulphate	–	10124-43-3
56	Creosote	–	8001-58-9
57	cyclohexane-1,2-dicarboxylic anhydride	사이클로헥세인-1,2-다이카복실산 무수물	85-42-7
58	diarsenic trioxide	삼산화비소	1327-53-3
59	Diazinon	다이아지논	333-41-5
60	diboron trioxide	삼산화 이붕소	1303-86-2
61	Dibutyl phthalate	디부틸 프탈레이트	84-74-2
62	dibutyltin dichloride	–	683-18-1
63	Dichloromethane	다이클로로메탄	75-09-2
64	diethyl sulphate	황산 디에틸	64-67-5
65	dihexyl phthalate	–	84-75-3
66	Diisobutyl phthalate	다이아이소뷰틸 프탈레이트	84-69-5
67	dimethyl sulphate	황산 디메틸	77-78-1
68	dinoseb	디노셉	88-85-7
69	dioxobis(stearato)dilead	다이옥소비스(스테아레이토)이납	56189-09-4
70	diphenoxarsin-10-yl oxide	10,10′-옥시디페녹사르신	58-36-6
71	disodium tetraborate, anhydrous	–	1330-43-4
72	ethylenediamine	에틸렌디아민	107-15-3
73	Fatty acids, (C=12-18), lead salts	납화합물질	68131-60-2
74	Fatty acids, tall-oil, lead salts	납화합물질	61788-54-3
75	Formaldehyde	폼알데하이드	50-00-0
76	Formaldehyde polymer with benzenamine	–	25214-70-4
77	Formamide	폼아마이드	75-12-7

78	Gallium arsenide	갈륨아르세니드	1303-00-0
79	Glycidol	글리시돌	556-52-5
80	Guanidine, N,N'''-1,6-hexanediylbis [N'-cyano-, polymerwith 1,6-hexanediamine, hydrochloride	N,N'''-1,6-헥산디일비스(N'-시아노구아니딘)과 1,6-헥산디아민, 염산의 중합체	27083-27-8
81	Hexabromocyclododecane	헥사브로모시클로도데칸	25637-99-4
82	hexahydro-4-methylphthalic anhydride	–	19438-60-9
83	hexahydromethylphthalic anhydride	–	25550-51-0
84	Hydrazine	히드라진	302-01-2
85	Hydrazine hydrate	히드라진 수화물	7803-57-8
86	Imidazolidine-2-thione	2-이미다졸리딘티온	96-45-7
87	isoprene	이소프렌	78-79-5
88	Lead acetate	이초산납	301-04-2
89	lead bis(2-ethylhexanoate)	납(II) 2-에틸헥사노에이트	301-08-6
90	Lead bis (dipentyldithiocarbamate)	납디아밀이황화카르보밀산	36501-84-5
91	Lead bis(tetrafluoroborate)	붕불화납	13814-96-5
92	lead chromate	크롬산납	7758-97-6
93	lead chromate molybdate sulfate red(C.I. pigment red 104)	크롬주색	12656-85-8
94	Lead dichloride	염화납	7758-95-4
95	Lead diiodide (PbI2)	요오드화납	10101-63-0
96	lead dinitrate	질산납	10099-74-8
97	Lead dioxide	이산화납	1309-60-0

98	lead distearate	다이스테아르산 납	1072-35-1
99	Lead methane sulfonate	메탄술폰산,납(II)염	17570-76-2
100	Lead molybdate (PbMoO4)	납몰리브드산염	10190-55-3
101	lead monoxide	산화납(II)	1317-36-8
102	Lead oxide (Pb2O3)	산화납	1314-27-8
103	Lead oxide (PbO), lead-contg.	납산화물(PBO),납함유	68411-78-9
104	Lead silicochromate	납실리코크롬산	11113-70-5
105	Lead sulfide	납황화물	1314-87-0
106	lead sulfochromate yellow(pigment yellow 34)	염료 황색 34	1344-37-2
107	Linuron	리누론	330-55-2
108	Magnesium chromate	마그네슘디크롬산	13423-61-5
109	Mechlorethamine	메클로르에타민	51-75-2
110	Mercury(Inorganic metal)	수은	7439-97-6
111	Methanesulfonic acid, lead salt	메틸술폰산납	95860-12-1
112	methoxyacetic acid	–	625-45-6
113	m-xylene	M-크실렌	108-38-3
114	N,N-Dimethylacetamide	N,N-다이메틸아세트아마이드	127-19-5
115	N,N-Dimethylformamide	N,N-디메틸포름아미드	68-12-2
116	Naphthenic acids, lead salts	납나프테네이트	61790-14-5
117	Neodecanoic acid, lead salt	납네오데칸오산염	27253-28-7
118	nickel monoxide	산화니켈	1313-99-1
119	Nickel oxide	니켈산화물	11099-02-8
120	Nickel sulfide	–	11113-75-0
121	nickel sulphat	황산니켈	7786-81-4
122	Nitrobenzene	니트로벤젠	98-95-3

123	o-Anisidine	o-아니시딘	90-04-0
124	orange lead	–	1314-41-6
125	o-Toluidine	o-톨루이딘	95-53-4
126	o-xylene	O-크실렌	95-47-6
127	p-(1,1-Dimethylpropyl)phenol	4-(1,1-다이메틸프로필)페놀	80-46-6
128	Paraformaldehyde	파라포름알데히드	30525-89-4
129	pentadecafluorooctanoic acid	–	335-67-1
130	pentalead tetraoxide sulphate	납화합물질	12065-90-6
131	pentazinc chromate octahydroxide	테트라옥시크롬산아연	49663-84-5
132	Perboric acid, sodium salt	–	11138-47-9
133	phenolphthalein	페놀프탈레인	77-09-8
134	Phenylhydrazine	페닐히드라진	100-63-0
135	phosphoryl trichloride	포스포릴 삼염화물	10025-87-3
136	potassium chromate	크롬산칼륨	7789-00-6
137	potassium dichromat	중크롬산칼륨	7778-50-9
138	potassium hydroxyoctaoxodizincatedichromate(1-)	칼륨아연크롬산수산화물	11103-86-9
139	p-xylene	P-자일렌	106-42-3
140	Quartz (SiO2)(*Silica dust에 한함)	–	14808-60-7
141	Quinoline	퀴놀린	91-22-5
142	Silicon carbide	–	409-21-2
143	Sodium chromate	크롬산나트륨	7775-11-3
144	Sodium dichromate	중크롬산나트륨	10588-01-9
145	Sodium dioxoarsenate	아비산소다	7784-46-5
146	sodium peroxometaborate	–	7632-04-4
147	strontium chromate	크롬산스트론티움	7789-06-2

148	Styrene	–	100-42-5
149	Sulfuric acid lead salt, tetrabasic	납화합물질	52732-72-6
150	sulphuric acid	황산	7664-93-9
151	Tetrachloroethylene	테트라클로로에틸렌	127-18-4
152	Tetraethyl lead	사에틸납	78-00-2
153	Tetrafluoroborate(1-), cadmium (2:1)	카드뮴플루오로붕산	14486-19-2
154	Tetrafluoroethene	–	116-14-3
155	tetralead trioxide sulphate	사납 트라이옥사이드 설페이트	12202-17-4
156	tributyltin chlorid	–	1461-22-9
157	Trichloroacetaldehyde; Chloral anhydride	–	75-87-6
158	trichloroethylene	트리클로로에틸렌	79-01-6
159	trilead dioxide phosphonate	–	12141-20-7
160	tris(2-chloroethyl) phosphate	–	115-96-8
161	trixylyl phosphate	트라이자일레닐 인산	25155-23-1
162	Urethane	우레탄(에틸 카바메이트)	51-79-6
163	xylene	크실렌	1330-20-7
164	Zinc chromate	아연크롬산	13530-65-9
165	α,α,α-Trichlorotoluene	–	98-07-7
166	α,α-Bis(4-(dimethylamino) phenyl)-4-(phenylamino)-1-naphthalenemethanol	–	6786-83-0
167	(2E)-1,4-Dichloro-2-butene	(2E)-1,4-디클로로-2-부텐	110-57-6
168	(R)-1-chloro-2,3-epoxypropane	–	51594-55-9
169	(s)-1-chloro-2,3-epoxypropane	–	67843-74-7

No.			
170	〔4-〔4,4′-bis(dimethylamino) benzhydrylidene)cyclohexa- 2,5-dien-1-ylidene〕 dimethylammonium chloride	–	548-62-9
171	1,2,5,6,9,10-Hexabromocyclod ecane	1,2,5,6,9,10-헥사브로모사 이클로도데케인	3194-55-6
172	1,2-Benzenedicarboxylic acid, mixed decyl and hexyl and octyl diesters	–	68648-93-1
173	1,2-Bis(2-methoxyethoxy) ethane	–	112-49-2
174	1,2-Dichloropropane	1,2-디클로로프로판	78-87-5
175	1,2- Dimethoxyethane	–	110-71-4
176	1,3,5-Tris(oxiranylmethyl)- 1,3,5-triazine-2,4,6(1H,3H,5H)- trione	1,3,5-트라이글리시딜 아이소사이아누레이트	2451-62-9
177	1,3,5-tris〔(2S and 2R)-2,3- epoxypropyl)-1,3,5-triazine- 2,4,6-(1H,3H,5H)-trione	rel-1,3,5-트리스〔(2R)-2- 옥시란일메틸)-1,3,5-트리아 진- 2,4,6(1H,3H,5H)- 트리온	59653-74-6
178	1,3-Dichloropropan-2-ol(1,3- Dichloro-2-propanol)	1,3-디클로로-2-프로판올	96-23-1
179	1,3-Propanesultone	1,3-프로판설톤	1120-71-4
180	1-Bromopropane	–	106-94-5
181	1-Chloro-2,3-epoxypropane	1-클로로-2,3-에폭시프로판	106-89-8
182	1-Methyl-2-pyrrolidone	1-메틸-2-피롤리디논	872-50-4
183	2,2′,6,6′-tetrabromo-4,4′- isopropylidenediphenol	–	79-94-7
184	2,3-epoxypropyltrimethylamm onium chloride	염화 2,3-에폭시프로필트리 메틸암모늄	3033-77-0
185	2,4-Dinitrotoluene	2,4-디니트로톨루엔	121-14-2
186	2-Aminoethanol reaction products with ammonia by- products from	2-아미노에탄올과 암모니아 의 반응생성물	68910-05-4

187	2-Ethoxyethanol	2-에톡시에탄올	110-80-5
188	2-ethoxyethyl acetate	-	111-15-9
189	2-Ethylhexanoic acid, lead salt; Hexanoic acid, 2-ethyl-, lead salt	납2-에틸헥소에이트	16996-40-0
190	2-ethylhexyl 10-ethyl-4,4-dioctyl-7-oxo-8-oxa-3,5- dithia-4-stannatetradecanoate	-	15571-58-1
191	2-Methoxyethanol	2-메톡시에탄올	109-86-4
192	2-nitrotoluene	2-니트로톨루엔	88-72-2
193	3,3'-Dichlorobenzidine	3,3'-디클로로벤지딘	91-94-1
194	3,3'-Dichlorobenzidine dihydrochloride	3,3'-디클로로벤지딘 염화물	612-83-9
195	3,3'-Dimethoxybenzidine	3,3'-디메톡시벤지딘	119-90-4
196	3,3'-dimethoxybiphenyl-4,4'-ylenediammonium dichloride	이염화 3,3'-다이메톡시바이페닐-4,4'-일렌 다이암모늄	20325-40-0
197	3-isocyanatomethyl-3,5,5-trimethylcyclohexyl isocyanate	디이소시안산이소포론	4098-71-9
198	4-(1,1,3,3-Tetramethylbutyl) phenol	p-(1,1,3,3-테트라메틸부틸)페놀	140-66-9
199	4,4'-bis(dimethylamino) benzophenone	-	90-94-8
200	4,4'-isopropylidenediphenol	4,4'-아이소프로필이딘다이페놀	80-05-7
201	4,4'-methylenebis(2-chloroaniline)	4,4'-메틸렌비스(2-클로로아닐린)	101-14-4
202	4,4'-methylenedianiline	4,4'-메틸렌디아닐린	101-77-9
203	4,4'-Oxydianiline	-	101-80-4
204	6-Methoxy-m-toluidine	-	120-71-8

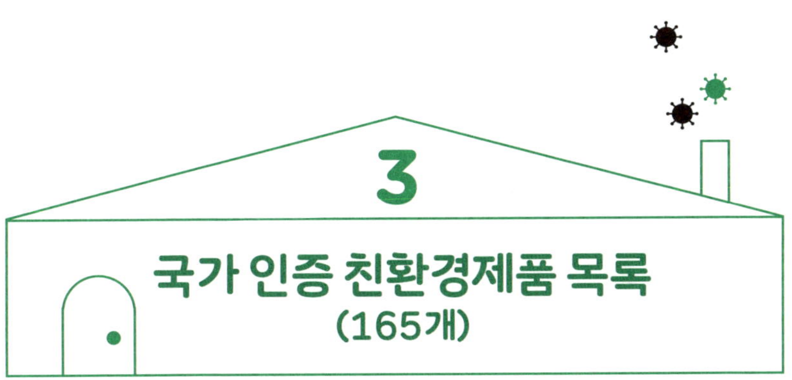

(2020년 3월 기준, 가나다순)

구분	제품	구분	제품
1	가구	18	구조재용 합성수지 성형 원료
2	가구류 부속품	19	김치냉장고
3	가방	20	낚시 미끼
4	가솔린 자동차용 엔진오일	21	낚시 추
5	가스 보일러	22	난방용 자동온도조절장치
6	가스 캐비닛 히터	23	냉온 음료 자동판매기
7	가스레인지	24	냉동 · 냉장 쇼케이스
8	가죽 제품	25	냉매 회수 장치
9	개인용 컴퓨터	26	냉장고
10	건설용 방수재	27	노트북 컴퓨터
11	건축용 실링재	28	다목적 세정제
12	고무 제품	29	단련용 동 합금
13	고무장갑	30	디아이와이용 페인트
14	골재 및 미분말	31	디젤 자동차용 엔진오일
15	공기청정기	32	디지털 프로젝터
16	공기청정기용 여과재	33	레디믹스트콘크리트 회수수처리 시스템
17	광택제	34	멀티 에어컨디셔너

구분	제품	구분	제품
35	모조 귀금속	60	사무용 칸막이
36	목재 성형 제품	61	사무용지
37	목재 · 합성수지 복합 성형 제품	62	산업용 가스보일러
38	무기성 토목 · 건축자재	63	산업용 리튬이온전지
39	무정전 전원장치	64	산업용 세정제
40	문구	65	산업용 축전지
41	문서 세단기	66	생분해성 수지 제품
42	문서 파일류	67	샤워헤드 및 수도꼭지 절수 부속
43	바닥 데크용 방부목재	68	샴푸 · 린스
44	바디워시	69	섬유 유연제
45	바이오매스 합성수지 제품	70	세탁 서비스
46	발광다이오드 전광판	71	세탁 주방용 비누
47	방전램프용 안정기	72	세탁기
48	방향제	73	소방용 스프링클러헤드
49	벽 및 천장 마감재	74	소변기
50	벽지	75	소화기
51	보온 · 단열재	76	수도 계량기
52	복사기	77	수도용 급수관
53	부품 · 장치 세척기	78	수산양식용 부자
54	분말 세탁용 세제	79	수처리제
55	블록 · 타일 · 판재류	80	슬래그 가공 제품
56	비데	81	승용차용 타이어
57	비디오 재생 · 기록기	82	식기세척기
58	비석면 운송 부품	83	신발
59	사무용 종이 제품	84	실내용 바닥 장식재

서적

- 국립환경과학원, 『GHS 전면시행에 대비한 혼합물인 유독물 분류·표시(1)』, 2011
- 식품의약품안전처, 『열린마루』, 2018
- 한국소비자원, 『물티슈 안전실태 조사』, 2016
- 한국소비자원, 『2018년 어린이 안전사고 동향 분석』, 2019
- 허정림, 『집이 우리를 죽인다, 독! 적과의 동침』, 어문학사, 2014
- 환경부, 『교통수단과 화학물질 이야기』, 2011
- 환경부, 『우리 가족 건강을 지키는 미세먼지 바로알기』, 2017
- 환경부, 『생활 속 자연 방사성 물질, 라돈의 이해』, 2016
- 환경부, 『실내공기 제대로 알기 100문 100답』, 2019
- 환경부, 『공동주택 실내공기질 관리』, 2015
- 환경부, 『교통수단과 화학물질 이야기』, 2011
- 환경부, 『어린이 환경안심 길잡이』, 2019
- 환경부, 『한눈에 보는 아토피피부염의 예방과 관리』, 2011
- 환경부, 『화학물질 바로알기』, 2012
- 환경부·국립환경과학원, 『안전한 야외활동을 위한 야생 진드기 예방요령』, 2018
- 환경부·국립환경과학원, 『주택 실내공기질 관리를 위한 매뉴얼』, 2018
- 환경부·국립환경과학원, 『환경을 알면 건강이 보이는 어린이 환경보건 가이드』, 2011
- 환경부·국립환경과학원·대한모체태아의학회·환경독성보건학회, 『여성들의 유해물질 없는 만점 환경 만들기』, 2013
- 환경부·국립환경과학원·한국환경산업기술원·(사)한국환경보건학회·(사)환경독성보건학회·(사)한국실내환경학회·(사)한국보건센터연합회, 『환경을 알면 건강이 보입니다』, 2014
- 환경정의·발암물질없는사회만들기국민행동·별일사무소, 『생활 속 유해물질 가이드』, 2014
- 데브라 린 데드, 『우리를 병들게 하는 독성화학물질로부터 가정과 건강을 지키는 법 독성프리』, WILLCOMPANY, 2011
- 대한의학회·질병관리본부, 『미세먼지 건강수칙 가이드』, 2020
- 식품의약품안전평가원, 『보건용 마스크의 기준규격에 대한 가이드라인』, 2019
- 질병관리본부, 『의료기관의 손위생 지침』, 2014

기사

- 국가기술표준원, 〈기저귀 관련 Q&A〉, 보도자료, 2017.9.28.
- 국립환경과학원·환경부, 〈제3기 국민환경보건 기초조사, 결과 발표〉, 보도자료, 2018.12.24.
- 김종화, 〈[건강을 읽다] 새 옷, 입기 전에 피부 챙겨라〉, 아시아경제, 2018.3.28.
- 정책브리핑, 〈꼭 필요한 제품만, 꼭 필요할 때, 꼭 필요한 양만큼만!〉, 2018.7.25.
- 질병관리본부, 〈감염병의 주범은 바로 우리의 손, '올바른 손씻기'가 '백신'입니다!〉, 보도자료, 2019.10.14.

인터넷 사이트

- 생활환경안전정보시스템 초록누리(http://www.ecolife.me.go.kr)
- 식품의약품안전평가원(http://www.nifds.go.kr)
- 위키백과(https://ko.wikipedia.org)
- 제품안전정보센터(http://safetykorea.kr)
- 질병관리본부 홈페이지(http://cdc.go.kr)
- 찾기 쉬운 생활법령정보(http://www.easylaw.go.kr)
- 케미스토리 어린이 환경과 건강포털(http://www.chemistory.go.kr)
- 화학물질정보시스템(http://ncis.nier.go.kr)
- 환경부 공식 블로그(http://m.blog.naver.com/mesns)
- 환경부 홈페이지(http://me.go.kr)
- 환경표지 홈페이지(http://el.keiti.re.kr)

우리 아이에게 안전한 집

**친환경제품 전문가가 보증하는
생활 속 유해물질 사용설명서**

초판 1쇄 인쇄 2020년 4월 1일
초판 1쇄 발행 2020년 4월 10일

지은이 조성문
펴낸이 송주영
펴낸곳 ㈜북센스
편집 장정민, 양선화
디자인 정지연
마케팅 오영일

출판등록 2019년 6월 21일 제2019-000061호
주소 서울시 은평구 통일로684 서울혁신파크 미래청 401호
전화 02-3142-3044 **팩스** 0303-0956-3044 **이메일** ibooksense@gmail.com

ISBN 978-89-93746-69-3(03590)

이 도서의 국립중앙도서관 출판예정도서목록(CIP)은 서지정보유통지원시스템 홈페이지(http://seoji.nl.go.kr)와
국가자료종합목록 구축시스템(http://kolis-net.nl.go.kr)에서 이용하실 수 있습니다. (CIP제어번호 : CIP2020012836)

* 책값은 뒤표지에 있습니다.